THE
KINFOLK
ISLANDS

THE
KINFOLK

ISLANDS

킨 포 크 아 일 랜 드

JOHN BURNS

누구나 마음속에
꿈의 섬 하나쯤은 있다

섬에서는 길을 잃지 않는다. 섬의 끝과 시작은 모두 바다여서 해변을 따라 나아가면 다시 시작점으로 돌아올 수 있기 때문이다. 어디에 가 닿든, 철썩이는 파도 소리와 막힘없는 바람이 훑고 간 우리는 처음 걸음을 뗀 순간보다 훨씬 더 가벼워져 있다.

바다 한가운데 홀로 선, 외로움과 고독함이 깃든 작은 대지. 그곳이라면 어쩐지 온전히 나 자신으로 이해받을 수 있을 것 같은 기분이 든다. 우리가 저마다 마음에 작은 섬 하나를 품고 살아가는 이유이기도 할 것이다.

장 그르니에의 『섬』 중에는 "인간이 탄생에서부터 죽음에 이르기까지 통과해 가야 하는 저 엄청난 고독들 속에는 어떤 각별히 중요한 장소들과 순간이 있다는 것이 사실이다"라는 문장이 있다. 이 책에서 소개하는 어떤 섬은 내가 언제나 그려왔던 곳과 닮아 있었다. 여러분 역시 18개의 섬 중 마음속 파도가 닿는 섬과 닮은 곳을 발견한다면 어쩌면 그곳은 여러분의 삶에서 중요한 장소이며, 언젠가 그곳에 닿게 될지도 모를 일이다.

곽명주 (일러스트레이터)

섬으로 여행을 떠날 땐 도시와 달리 모험하는 것 같은 감정을 덤으로 얻게 된다. 특히나 접근이 어려운 곳일수록 설렘보다는 두려움이, 편리보다는 불편함이 앞선다. 그럼에도 섬을 동경하는 이유는 여태껏 보지 못한 풍경을 마주하고, 전에는 해본 적 없던 경험을 할 수 있을 거라는 기대와 확신이 있기 때문이다.

조금은 뻔하게 느껴지던 여행 패턴에 지루함을 느끼던 찰나, 『킨포크 아일랜드』는 반가운 이정표를 제시해준다. 책장을 넘길수록 내가 지금까지 했던 수많은 여행이 단번에 시시해진다. 그와 동시에 여전히 내가 듣지도 보지도 못했던 새로운 세상을 먼저 발견해 준 것에 감사함을 느끼게 된다.

머지않아 어느 섬에 직접 두 발을 내딛고 가슴 벅찬 순간을 맞이할 것 같은 막연한 예감이 든다. 어쩌면 가장 기억에 남을 여행으로 손꼽을지도.

무과수 (작가)

넘실거리는 물로 고립된 땅, 섬. 섬은 고유한 외로움을 간직한 채 시간이 더해지며 독립된 세계가 된다. 식물과 동물은 물론 우리 인간도 섬이 가진 바람, 물, 흙의 흐름을 따른다. 섬은 과학자들에게 있어 진화에 대한 영감과 발견의 장소였다. 작고 고립된 섬이 오히려 세상을 이해할 수 있는 사유와 깨달음을 준 것이다.

『킨포크 아일랜드』는 각 섬이 가진 독특한 흐름과 그 흐름으로 빚어진 창조물의 감동을 사진으로 포착하고, 섬에 녹아들며 얻게 된 사유와 깨달음을 글로 기록했다. 이 책은 또한 그 섬들을 직접 찾아 나설 용기 있는 당신을 위한 길잡이이자 뮤즈다.

신혜우 (식물학자)

익숙함을 벗어나고 싶을 때, 여행은 언제나 최고의 선택이다. 수많은 여행지 중에서도 섬은 남다른 경험을 선사한다. 이 책에서 소개하는 18개의 섬은 저마다 독특한 매력과 다양한 이야기를 담고 있다. 페이지를 한 장씩 천천히 넘겨보는 것만으로도, 우리는 새로운 세계로의 모험에 발을 들이게 된다.

섬은 특별하다. 푸른 바다와 하늘이 사방에 어우러진 풍경은 우리의 눈과 마음을 단번에 사로잡는다. 해변을 따라 산책하며 파도 소리를 들을 수 있고, 미지의 자연을 발견할 수도 있다. 섬만이 가진 아름다움에 감탄하며 하나의 세계를 온전히 마주하는 경험은 그 무엇도 대체할 수 없는 특별한 영감을 준다.

여행을 통해 우리는 자신의 한계를 뛰어넘고, 새로운 시각을 얻는다. 이 책이 펼쳐 보이는 섬의 세상은 끊임없는 흥미와 두근거림을 선사할 것이다. 이 책을 따라 섬을 천천히 탐험하며 모험심과 호기심을 자극하는 여정을 떠나보는 건 어떨까.

이종범 (사진작가)

Editor in Chief

존 번스John Burns

Art Direction & Book Design

스태판 선드스트롬Staffan Sundström

Editor

해리엇 피치 리틀Harriet Fitch Little

Publishing Director

에드워드 매너링Edward Mannering

Production Manager

주자네 부흐 피터슨Susanne Buch Petersen

Illustrations

린 헨릭슨linn henrichson

Selected Contributors

아미라 아사드
AMIRA ASAD

멕시코시티에서 활동하는 저널리스트이
자 잡지 《리프타》 공동 창간인. 《가디언》,
《알자지라》, 《바이스》에 글을 기고했다.

콘스탄틴 미르바흐
CONSTANTIN MIRBACH

인물 사진, 다큐멘터리, 광고 작업을 하
는 독일 사진작가. 《쥐트도이체 차이퉁》,
《디 차이트》, 《모노클》에 작품을 실었다.

찰스 티에펜
CHARLES THIEFAINE

프리랜서 사진작가이자 저널리스트. 파
리와 이라크에서 활동한다. 《워싱턴포스
트》, 《르 피가로》, 《리베라시옹》에 작품
을 실었다.

페리드 얄라브-헤커로스
FERIDE YALAV-HECKEROTH

이스탄불에서 활동하는 작가. 『이스탄불
에 숨겨진 500개의 비밀The 500 Hidden
Secrets of Istanbul』을 비롯한 여러 여행
안내서를 출간했다.

전체 참여진 명단은 251쪽에 실어두었다.

CONTENTS

들어가며

Introduction

인간을 사로잡는 섬의 매력은 워낙 강력해서 따로 단어까지 존재한다. 바로 '섬병islomania'이다. 이는 작은 섬의 세계에 속수무책으로 이끌리는 상태를 가리킨다. 번잡한 육지에서 떨어진 채 부서지는 파도와 짙은 녹음에 둘러싸여 있는 섬은 작가와 탐험가들이 오래전부터 그려온 도원경이자 목가적 환상의 세계였다. 사실 유토피아라는 개념도 섬에서부터 비롯되었다. 16세기, 토머스 모어가 상상한 유토피아는 외부인이 들어갈 수 없는 초승달 모양의 섬이었다. 모어는 바로 그런 세계에서 조화롭고 더불어 사는 사회가 번영하리라고 믿었다.

『킨포크 아일랜드』는 섬 생활의 매력을 현대적으로 풀어내며 느린 여행을 제안한다. 이 책은 일상에서 탈출해 마음껏 탐험하고 느긋하게 쉬도록 손짓하는 18개 섬을 소개한다. 빛나는 재능을 지닌 여러 글 작가와 사진작가가 직접 섬을 찾아가 그 안의 정글과 사막, 도시와 산길을 누비며 전 세계에 묻힌 풍부한 영감을 꺼내 보인다.

첫 번째 파트 '탈출'에서는 로스앤젤레스 바닷가에 방목된 들소, 예멘 소코트라섬의 언덕 비탈에 그늘을 드리운 초현실적인 모습의 용혈수, 호르무즈해협에 자리한 보헤미안풍 소도시의 환상적인 지형을 만나게 된다. 두 번째 파트 '탐험'에서는 이색적인 도시가 조성된 섬들을 방문하며 섬의 정의를 넓힌다. 몬트리올에서 마일엔드의 동네 커피를 즐겨보고, 스리랑카 콜롬보에서 도시의 소음을 피해 현대적인 건축물을 둘러보자. 쿠바의 푸른 비냘레스 골짜기 마을에서 직접 딴 농산물로 배를 채워봐도 좋다. 세 번째 파트 '쉼'에서는 부겐빌레아가 피어난 지중해 모래사장부터 외딴 북유럽 바다까지 아름다운 해안지대를 옮겨다니며 해변에 발자취를 남겨볼 것이다.

다음 여행지를 찾기 위한 안내서로 이 책을 고른 독자들을 위해, 여행지마다 실용적인 팁과 추천 일정도 실어두었다. 당장 떠날 계획은 없더라도 상상에서나마 유토피아를 여행하고 싶은 독자들에게도『킨포크 아일랜드』가 영감을 주었으면 한다.

I

ESCAPE

탈출

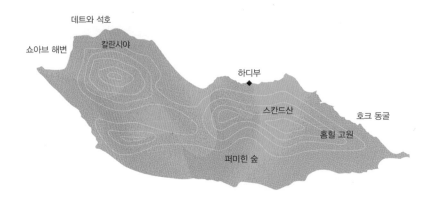

SOCOTRA

아라비아의 초현실적인 오아시스

위치	아라비아해
좌표	12.46°N, 53.82°E
면적	3796제곱킬로미터
인구	7만 명
주요 도시	하디부

소코트라섬의 석양은 다른 데서는 볼 수 없는 특별함을 지니고 있다. 이 섬의 하늘은 눈물이 날 만큼 감동적이다. 연보랏빛 하늘에는 거대한 구름이 걸리고, 시뻘건 달이 몽환적인 분위기를 자아내고, 익숙한 별자리마저 알아볼 수 없을 정도로 별 무리가 촘촘하게 수 놓인다.

소코트라섬이 지닌 독특함은 여기서 끝이 아니다. 로드아일랜드주 면적만큼 아주 작은 섬이지만 다양한 생물군을 자랑한다. 지상 어디서도 찾아볼 수 없는 식물이 가득하다. 7만 명 남짓한 주민들과 몇몇 관광객만이 이 독특한 자연을 즐긴다. 1년에 섬을 찾는 관광객은 손꼽히게 적다. 섬에 들어가는 길이 무척 복잡하기 때문이다. 참고로 이곳은 엄밀히 예멘 영토이지만, 인도양 남쪽으로 350킬로미터 떨어져 있어 소말리아 해안에 더 가깝다.

예멘 본토는 내전과 기근에 시달리고 있지만, 소코트라섬은 평화롭다. 그러나 불안정한 정치 상황은 섬을 찾는 관광객들에게는 변수가 된다. 그나마 근근이 운행되는 아부다비발 전세기는 예멘의 상황에 따라 출발 직전 취소되는 일이 흔하다. 소코트라섬 비자는 섬에 있는 여행사의 가이드 관광상품을 예약해야만 발급된다. 섬까지 들

어가는 데는 이렇듯 장애물이 많지만, 그만큼 보람도 크다.

자유롭고 즉흥적인 여행에 익숙한 사람들에게는 미리 짜여진 일정에 따라야 한다는 것과 가이드가 늘 붙어 있다는 점이 성가실지도 모르겠다. 그러나 막상 섬에 가보면 다른 방법으로는 여행이 어렵다는 사실을 알게 된다. 이렇다 할 대중교통이 없을뿐더러 표지판 없는 도로를 지나가는 것은 위험천만하다. 가장 큰 도시인 하디부를 벗어나면 인터넷 연결도 호텔 숙박도 불가능하다.

소코트라섬을 방문하는 관광객은 일주일에 수십 명 정도다. 관광객들은 섬이 지닌 이 모든 매력에 흠뻑 빠진다. 살가운 현지 가이드는 직접 캠프를 차리고 음식을 만든다. 또 드넓은 자연을 만끽하러 온 관광객의 동선이 서로 겹치지 않도록 일정을 조율한다. 관광객들은 대부분 따뜻하고 건조한 1월부터 5월 사이에 섬을 찾는다. 나머지 기간에는 우기와 사이클론 영향권에 놓일 가능성이 크기 때문이다.

개인 취향에 따라 낙타 트레킹, 하이킹, 스노클링 등으로 관광 일정을 채울 수 있다. 무엇을 하든 모든 장소에서 감탄을 자아내게 될 것이다. 하루하루 새롭게 놀라운 것들을 만나게 된다. 홈힐 고원에

소코트라섬에는 아부다비발 전세기를 통해서만 들어갈 수 있다. 전세기는 여행사를 통해 예약해야 하는데, 선택이 가능한 여행사로는 이스카르 ISHKAR와 소코트라 에코투어 Socotra Eco-Tours 등이 있다. 중심 도시 하디부에는 관광지가 몇 없다. 관광객들은 주로 식사나 숙박을 위해 하디부에 머무르며, 나머지 시간에는 사륜구동차를 타고 섬을 돌아다닌다.

퍼미힌 숲에서 자라는 용혈수의 수액 추출물을 두 눈으로 직접 확인해보자. 섬에서 가장 높은 스칸드산에 올라 인도양과 페르시아만의 절경을 보는 것도 추천한다. 배를 타고서만 접근할 수 있는 쇼아브 해변으로 가 훼손되지 않은 뿌연 청록색 바닷물에서 수영하는 것도 좋다. 신선한 해산물이야 섬에서 흔히 먹을 수 있지만, 특별한 무지개색 바닷가재를 찾는 재미도 놓치지 말자.

소코트라섬을 찾는 관광객은 대부분 캠프를 지어 머무른다. 텐트와 식사는 가이드와 운전기사가 준비해줄 것이다. 하디부에 호텔이 있긴 하지만, 섬에서 몇 안 되게 와이파이를 제공하는 서머랜드 호텔Summerland Hotel을 제외하면 대부분이 아주 단출하다. 섬에는 은행이나 현금인출기가 없으므로 반드시 현금을 미리 챙겨 가야 한다. 예멘 리알화와 미국 달러만 통용된다.

예멘은 '카트'라고 하는 식물로 유명하다. 카트는 씹어 먹거나 우려 마시면 약간의 흥분을 불러일으키는 효과가 있다. 소코트라섬은 카트를 재배하지 않지만, 날마다 예멘 본토에서 배를 통해 들여온다. 예멘 사람은 지위를 막론하고 누구나 카트를 씹는다. 카트를 씹느라 볼이 불룩 튀어나와 있다면 대부분 예멘 사람이라고 보면 된다.

서는 인도양을 내려다보는 절벽에 자연적으로 조성된 인피니티 풀을, 아르허 해변에서는 스산한 검은 절벽을 배경으로 우뚝 솟아 있는 모래 언덕을, 신비로운 호크 동굴에서는 기원전 1세기 여행자들이 석순에 새긴 상형문자를 만날 수 있다.

바람이 깎아놓은 바위와 화려한 풍경에서도 소코트라섬의 매력을 느낄 수 있지만, 무엇보다 관광객의 마음을 사로잡는 것은 초현실적인 식물군계다. 800종이나 되는 식물 가운데 37퍼센트는 소코트라섬에서만 나고 자라며, 대부분이 공상과학영화에서 튀어나온 듯 독특한 생김새를 지녔다. 특히 개성이 넘치는 바오밥나무는 땅딸막하고 불룩한 몸통에 연약한 가지가 몇 개 달렸고, 2~3월이 되면 밝은 분홍빛의 꽃을 피운다. 이 나무는 다양하고 별난 모양으로 바위와 절벽을 뚫고 나오는데, 그 형상이 꼭 인간 같다.

소코트라섬의 상징이라면 단연 특산식물인 용혈수가 꼽힌다. 이 나무는 마치 버섯 모양 모자를 쓴 듯 특이한 생김새를 지녔다. 이파리는 가시 돋친 듯 뾰족하다. '용혈'이라는 이름이 붙은 것은 나무에서 나오는 진홍색 수액 때문이다. 이 수액은 염료와 도료로 쓰이며 토속 약물의 재료로 활용된다. 전설에 따르면 이 나무의 아랍어 이름인 '담 알 아크하와인'은 '두 형제의 피'를 의미한다고 한다. 마치 카인과 아벨의 일화처럼 잔혹한 이 이야기에 따르면, 용혈수는 지상 땅을 적신 피에서 최초로 자라난 나무다.

용혈수는 딕삼 고원의 퍼미힌 숲에 모여 자라는데, 사이클론이 갈수록 기승을 부리는 데다 염소 떼가 하도 묘목을 먹어 치워 멸종 위기에 처했다. 소코트라섬을 정치적으로 장악하려는 아랍에미리트가 아부다비 집들의 가구 재료로 용혈수를 반출한다는 소문까지 돌고 있으니, 용혈수의 멸종 위기는 앞으로 더 심해질지도 모른다. 섬 주민들이 보호구역에서 묘목을 키우며 보존을 위해 노력하고 있지만, 성목이 되기까지는 수 세기가 걸릴 것이다.

염소를 제외하고는 섬에 식물 생태계를 위협하는 포유류는 거의 없다. 개 역시 구경하기도 힘들다고 한다. 그러나 멸종위기종인 이집트 대머리수리는 자주 목격된다. 독수리들은 캠프장에서 먹고 남은 음식과 데트와 석호에 풍부하게 서식하고 있는 희귀 수생동물을 노린다. 자신을 '동굴 인간'이라고 소개하는 주민 엘라이에 따르면, 데트와 석호에는 가오리, 오징어, 성게, 또 그의 문어 친구가 살고 있다고 한다.

하디부나 칼란시야처럼 인간의 손길이 닿은 도시나 드문드문 흩어진 마을 모두 더없이 잠잠하기는 마찬가지다. 주민들은 예멘 아랍어, 그리고 문자 없이 구술 언어로만 존재하는 소코트라어를 함께 쓴다. 표현력이 풍부한 운문 전통은 사람들끼리 기도를 겨루는 의식에서 특히 돋보인다. 역사학자 미란다 모리스가 번역한 현지 자장가는 소코트라섬 풍경의 아름다움을 시적으로 묘사하며 사람과 자연의 공생을 노래한다. "어디를 가든 가장 다복하고 행복한 염소 떼가 함께하기를… 두 눈은 아침 녘 하지어산 꼭대기에 모인 커다란 비구름을 닮았구나."

이전 장 왼쪽

사진 속 모하메드는 예멘 남서부 도시 타이즈 출신이다. 타이즈는 한때 예멘 문화의 중심지였으나 80년간 무자비하게 이어진 내전으로 쑥대밭이 되었다. 예멘 본토는 여전히 분쟁 중이라 어떤 형태로든 관광하기에 안전하지 않다. 모하메드는 2021년 소코트라섬으로 이주해 지금은 식당에서 주스 만드는 일을 하고 있다.

아래, 맞은편

바오밥나무는 불룩한 몸통에 물을 저장해 극도로 건조한 지역에서도 서식할 수 있다. 섬에 널린 염소 떼로 여러 식물이 씨가 마르는 동안에도 독성이 함유된 수액 덕에 대부분 무사히 살아남았다. 나무 몸통에 새겨진 낙서(아래)는 아랍어로 "신이 하늘에 계시다"라는 뜻이다. 소코트라섬 주민은 대부분 수니파 교도다.

맞은편
소코트라섬에서만 서식하는 용혈수
는 섬 기후에 완벽히 적응했다. 우기가
되면 구름이 섬을 뒤덮고 사방이 약한
보슬비와 안개로 자욱해지는데, 용혈
수는 빽빽한 나뭇잎 덮개로 그 습기를
빨아들여 뿌리로 내려보낸다. 불볕더
위가 시작되면 우거진 덮개가 뿌리에
그늘을 드리운다. 소코트라섬은 다양
한 생물군계 덕에 '인도양의 갈라파고
스'라고도 불린다.

랑하마스
포뢰
포뢰 등대
스칼라하우아르 자연보호구역

◆ 비스뷔

토프타 해변

고틀란드

홀름헬라르 자연보호구역

GOTLAND & FÅRÖ

스웨덴 발트해에서 잉마르 베리만의 흔적을 찾다

위치	발트해
좌표	57.47°N, 18.49°E
면적	3183.7제곱킬로미터
인구	5만 9000명
주요 도시	비스뷔

스웨덴 포뢰섬 동쪽 끝에는 하얀 등대 한 채가 높이 솟아 있다. 작은 마을 홀무덴의 막다른 길에 선 이 등대 너머로 발트해가, 더 나아가 에스토니아가 펼쳐진다. 한겨울, 구름에 가려졌던 태양이 모습을 드러내면 어둑하고 서늘한 녹색 바닷물도 밝은 에메랄드색으로 바뀐다. 바람은 살을 에듯 차고 매섭다. 스칼라하우아르 자연보호구역의 해변 소나무 숲 한복판에 우뚝 선 이 등대는 한 폭의 그림 같은 북유럽의 섬 풍경을 완성한다.

포뢰섬을 이야기할 때는 스웨덴의 거장 감독 잉마르 베리만을 빼놓을 수 없다. 노년의 베리만은 포뢰섬을 자기 집이라 일컬었다. 1966년 발표된 걸작 〈페르소나〉를 찍은 곳도 포뢰섬이다. 포뢰섬에서 베리만은 영화 여섯 편, 텔레비전 시리즈 한 편, 다큐멘터리 두 편을 남겼다. 섬 곳곳이 촬영 장소다. 포뢰섬 여행은 베리만 영화 속으로 떠나는 여행과 다르지 않다.

베리만이 자기 인생과 작품의 거점으로 포뢰섬을 선택한 이유는 어렵지 않게 추측할 수 있다. 포뢰섬과 인근의 고틀란드섬은 베리만의 영화처럼 적나라하면서도 강렬한 아름다움을 간직하고 있다. 섬에 내리쬐는 햇살은 본토보다 날카롭고, 섬을 둘러싼 바다는

따스한 동시에 서늘함을 품은 채 수평선까지 펼쳐진다. 바위가 늘어선 해변에서 볼 수 있는 독특한 석회암 기둥은 마치 전설 속의 트롤이 부연 안개 속에 구부정하게 서 있는 듯한 형상이다. 섬에 있으면 목가적인 낙원에 온 듯한 기분이 든다. 고틀란드섬은 공예가가 많기로 유명하다. 주민들은 지금까지도 이런저런 물건을 직접 만들어 앞마당에 내다 놓고 판다. 베리만은 1989년 출간된 자서전『마법의 등』에서 포뢰섬을 처음 발견한 순간 그곳이 자신을 위한 공간임을 직감했다고 밝혔다. "베리만, 너를 위한 풍경이다. 네가 가장 내밀하게 품고 상상해온 형상, 비율, 색깔, 시야, 소리, 침묵, 빛, 그림자와 들어맞는 곳."

고틀란드섬은 포뢰섬 바로 밑에 있어 여행객들은 일반적으로 두 섬을 동시에 들른다. 고틀란드섬은 포뢰섬보다 훨씬 크고 인구도 많지만, 관광객들이 각 섬에서 받는 인상은 크게 다르지 않다. 많은 미술가와 작가, 창작자가 이 섬을 보금자리로 삼는다. 비스뷔 시내에 있는 발트해 예술센터 소속의 미술가와 발트해 작가 · 번역가센터 소속의 작가들도 섬에 머무르러 온다. 마감할 작품이 없는 작가들조차 무언가에 이끌리듯 해마다 이곳을 찾는다. 스웨덴

가는 방법
자동차로 여행할 계획이라면 뉘네스함이나 더 남쪽에 있는 오스카르스함에서 출발하는 데스티네이션 고틀란드Destination Gotland 페리를 타면 세 시간만에 고틀란드섬에 도착할 수 있다. 편리함을 생각하자면 브롬마 스톡홀름 공항에서 비행기를 타고 30분 만에 도착하는 방법도 있다. 특히 여름에는 예테보리에서 출발하는 항공편도 더러 있다. 시내 방향 교통편은 모두 비스뷔를 지난다.

볼거리와 관광 명소
포뢰섬의 스토라 고세모라 Stora Gåsemora 농장 인근의 고르드스크로그Gårdskrog 식당에서 수준 높은 현지 음식을 맛볼 수 있다. 고틀란드섬에서는 동쪽 바다에서 나는 신선한 해산물과 훈제 요리를 파는 쉬슨Sysne 해산물 가게를 추천한다. 토프타 해변은 고틀란드섬의 명소 중 하나다. 현지 맥주를 사서 근처 바닷가로 소풍을 가도 좋고, 섬 남단의 홀룸헬라르 자연보호구역을 찾아 석회암 기둥 주위를 돌아다녀도 좋다.

묵을 곳
고틀란드섬 중심 도시인 비스뷔에 가보자. 옛 석회암 채석장 자리에 세워진 고틀란드섬 대표 호텔 파브리켄 푸릴렌Fabriken Furillen은 아름답게 꾸민 객실을 소규모로 운영한다. 이외에도 호텔과 민박집, 캠프장, 공유 숙소가 여럿 있다. 고틀란드섬에서 포뢰섬으로 당일치기 여행도 가능하지만, 포뢰섬 스토라 고세모라에도 숙박 시설이 있으니 참고하자.

알아두면 좋은 정보
포뢰섬은 민감한 군 시설이 있다는 이유로 1998년까지 스웨덴 시민이 아니면 출입이 통제되었다. 고틀란드섬은 여전히 발트해에서 전략적으로 중요한 섬이자 스웨덴 군사 활동의 중심지다. 러시아와 물리적 거리가 가까운 것이 영향을 주었다고 볼 수 있다. 포뢰섬에서 일직선으로 322킬로미터만 가면 러시아 소수민족 거주지인 칼리닌그라드가 나온다.

에는 20만 개가 넘는 섬이 있지만, 포뢰섬과 고틀란드섬은 그중에서도 특히 사랑받는다.

브롬마 스톡홀름 공항에서 비스뷔까지는 비행기로 딱 30분이 걸린다. 경치를 감상하고 싶다면 세 시간이 걸리는 페리를 타는 것도 방법이다. 여름 성수기 동안 고틀란드섬은 활기가 넘친다. 황금빛 모래가 깔린 해변과 생기발랄한 아이스크림 가판대, 시끌벅적한 야외 식사용 테이블이 관광객을 기다린다. 그러나 베리만의 정신을 오롯이 느끼고자 한다면, 몇 시간이 지나도록 사람 하나 구경하기 힘든 비수기에 섬을 찾아야만 한다.

'베리만 투어'를 계획한다면, 고틀란드섬 북단의 포뢰순드와 포뢰섬 남서부 브로아를 왕복하는 무료 카페리를 추천한다. 관광객이 많이 찾는 여름철에는 10분마다 한 번씩, 비수기에는 30분에 한 번씩 페리가 출발한다. 브로아에 내려 표지판 없는 길을 따라 10분간 차를 몰고 가면 베리만 센터가 나온다. 현대식 콘크리트 건물인 이 문화센터에서는 베리만의 인생과 작품을 기념하는 전시회를 개최

하며 특히 6월 말에는 일주일간 축제가 열린다. 센터는 6월부터 9월까지만 문을 연다. 센터에 딸린 카페 토스트Törst에서 야생 효모 와인과 (고틀란드섬에는 포도밭이 많다) 신선한 점심을 즐긴 다음 섬에 세 개뿐인 헛간 영화관에 들러보자.

랑하마스의 바위투성이 해변에는 빙하기에 형성된 석회암 기둥들이 솟아 있는데, 그 뒤편을 거니는 베리만의 사진이 유명하다. 두 섬에서 석회암 기둥을 볼 수 있는 자연보호구역은 몇 군데 더 있지만, 가장 인기 있는 곳은 랑하마스다. 이곳은 스웨덴의 200크로나 지폐에 등장하기도 한다. 4.86제곱킬로미터 면적의 이 보호구역은 해변 산책을 하며 오랫동안 생각에 잠기기 참 좋은 장소다.

베리만은 영화를 통해 삶의 의미와 필연적 죽음과 같이 심오한 질문의 답을 추구했다. 침묵과 고독 속에서 휴가를 즐기고 싶은 사람, 숨 막히게 고요한 아름다움에 흠뻑 빠져 홀로 사색하고 싶은 사람이라면 고틀란드섬과 포뢰섬에서의 여름은 뿌리치기 힘든 유혹일 것이다.

오른쪽

'아그'라고 불리는 사초를 이어 만든 전통 지붕. 현지에서는 이러한 지붕 양식을 '아그 타크'라고 부른다. 말린 사초를 발로 다진 뒤 갈퀴로 조금씩 박공널 위에 올려 지붕을 만든다. 제대로 만든 아그 타그는 60년간 거뜬하다. 섬사람들은 지역 풍습에 따라 잔치를 열어 친구, 이웃과 함께 음식과 술을 즐기며 사초 다지기를 한다.

맞은편

무인으로 관리되고 있는 포뢰 등대. 섬 최북단에 위치하고 있다. 2019년, 스웨덴과 에스토니아 중간 해역에서 16세기 배 한 척이 완벽하게 보존된 모습으로 발견된 일이 있었다. 역사학자들은 1521년에서 1523년 사이에 벌어진 전쟁 당시에 침몰한 배로 추정했다. 이 전쟁으로 스웨덴은 칼마르동맹으로부터 독립했다.

맞은편

비스뷔 피스카르그렌드에 있는 아담하고 예쁜 골목길. 이 중세 마을에는 세계 최대 규모의 은제 보물을 보존하고 있는 고틀란드 박물관과 몇몇 중세시대 교회가 있다. 성 카린스 퀴르카St. Karins Kyrka 교회 유적지에는 겨울마다 아이스링크장이 개설되고 여름에는 이따금 콘서트가 열린다.

다음 장 오른쪽

포뢰섬의 집을 둘러싼 이 울타리는 흔히 라운드폴 울타리로 알려진 '게르데스고드' 양식을 그대로 따랐다. 동물들의 침입을 막기 위해 만든 이 울타리는 전통적으로 숲을 솎으며 베어낸 나무를 사용해 만든다. 포뢰섬에서는 큰 돌로 만든 울타리도 흔히 볼 수 있다.

보스타 해변   루이스

맹거스타

게리나하인

스토너웨이

유이스그니발 모어

해리스

노스 유이스트

사우스 유이스트

LEWIS & HARRIS

비밀스러운 공용 오두막집에서 비바람 피하기

위치	아우터 헤브리디스제도
좌표	58.24°N, 6.66°W
면적	1770제곱킬로미터
인구	1만 8500명
주요 도시	스토너웨이

루이스섬의 비밀스럽고 작은 오두막집 맹거스타 보디Mangesrsta Bothy에서 서향 창문을 통해 밖을 내다보면, 수평선과 나란히 놓인 정사각형 창틀 안에 대서양의 청회색 바닷물이 찰랑인다. 이곳과 그나마 가까운 해안은 캐나다 뉴펀들랜드다. 스코틀랜드 헤브리디스제도 외곽에 풍화된 채 솟아 있는 이 절벽 꼭대기와 캐나다 해안 사이의 3219킬로미터 중간 해역에 있는 거라곤 바닷물과 고래, 바닷새, 배들이 전부다. 이 오두막집은 세계의 끝이다.

돌로 지은 이 벼랑 끝 오두막집에는 가구도 기본만 갖춰져 있다. 벽난로, 침대, 테이블 정도다. 삼각형 모양의 나무 천장으로 빛줄기가 들어와 투박한 판석 바닥에 내리꽂힌다. 다소 엄숙한 느낌이 드는 공간이지만, 며칠씩 트레킹을 하는 하이커들에게는 안전하고 아늑한 보금자리다. 궂은 날씨나 부상으로 발목이 잡힌 사람들에게는 망망대해 위 구명 뗏목처럼 귀한 공간이다. 섬의 오두막집들은 늘 열려 있으며, 무료로 묵을 수 있다. 이러한 문화를 좋아하고 존중하는 사람들에게 오두막집은 현대 사회를 벗어나 재충전하며 자연과 다시 이어지는 연결고리가 되어준다.

오두막집을 뜻하는 '보디'는 게일어 '보단'에서 유래했다. 이 단어는 사람이 사는 작은 주택이나 움막 따위를 가리키는데, 특히 스코틀랜드 특유의 산장을 가리키는 말로 자리 잡았다. 여전히 기독교 안식일을 지키는 루이스섬에서는 무허가 주점을 의미하기도 한다. 물론 맹거스타 보디는 그런 곳이 아니다. 긴 산책을 마치고 돌아와 타오르는 벽난로 앞에 앉아 머그잔에 담은 위스키를 홀짝이며 아늑하게 쉴 수 있는 장소다. 녹슨 과자 통에 들어 있는 숙박 일지에는 지난 수십 년 동안 먼저 묵고 간 하이커들의 이름이 남아 있다.

보디 문화는 세계대전이 끝난 후부터 시작되었다. 전쟁이 끝나고 한가한 시간이 늘어나자, 사람들은 예전에는 엄두를 못 냈던 자연 탐험을 즐기기 시작했다. 최대한 많은 산꼭대기를 오르는 활동인 '먼로 배깅'을 비롯해 등산과 비탈 타기의 인기는 계속되었고, 아예 주말 내내 모험을 즐기려고 산비탈에서 하룻밤 묵을 장소를 찾는 사람도 많아졌다.

세계 다른 곳의 산장과 달리, 보디는 처음부터 손님을 받을 용도로 지은 것이 아니다. 그래서 대개는 이렇다 할 시설이 없다. 원래는 농가 건물이었으나 1700년대 산악지대 퇴거 조치 등을 거치면서 빈집이 된 것으로, 주로 인적 드문 곳에 있으며 비바람을 피할 수 있게

가는 방법

루이스섬을 여행하려면 울라풀에서 스토너웨이로 가는 페리를 타야 한다. 섬의 중심 도시인 스토너웨이에서는 차를 빌릴 수 있다. 맹거스타 보디는 B8011 도로를 따라 한 시간 차를 운전한 뒤, 맹거스타 마을에서 20분을 걸으면 나온다. 도로는 대체로 한적하며 대부분이 1차선인데, 주변에 들를 곳이 아주 많다. 버스는 월요일부터 토요일까지 운행한다.

볼거리와 관광 명소

신석기시대에 만들어진 칼라나이스 거석은 역사가 유구하다. 보스타 해변 백사장도 추천한다. 명성을 자랑하는 해리스 트위드 직물은 오직 루이스 해리스섬에서 수공예로만 만들어진다. 섬에서 가장 오래된 공장인 칼로웨이 밀Carloway Mill 에서 직물을 구매할 수도 있다. 루이스섬의 난 에일린 박물관Museum nan Eilean에는 1831년 루이스섬 바닷가로 떠밀려온 바이킹 시대 체스 말 여섯 개가 전시되어 있다.

묵을 곳

보디 외에도 선택지는 많다. 호텔, 민박집, 별장, 캠프장, 에어비앤비 숙소까지 있다. 대부분 스토너웨이에 몰려 있지만, 고독을 즐기고픈 사람에게는 서쪽 바닷가를 추천한다. 스토너웨이의 루스 캐슬Lews Castle 은 섬 최고의 호텔이다. 고딕 복고 양식으로 지은 이 호텔에는 주방 시설을 갖춘 으리으리한 객실과 스위트룸이 있다.

알아두면 좋은 정보

어린 가넷(바닷새 일종)을 일컫는 '구가'는 제철에만 맛볼 수 있는 현지 별미다. 가넷은 8월 말 술라스게이르섬에서 잡히는데, 질긴 가죽, 생선, 소고기가 섞인 듯한 별난 맛이 난다고 한다. 루이스섬에는 세계적으로 유명한 스모크 하우스가 여럿 있다. 전통 토탄을 피우는 기법을 사용하는데, 대표적으로 위스키에 절이거나 온훈법, 냉훈법으로 익힌 연어와 스토너웨이산 훈제 청어 등을 판다.

머리를 가려주는 지붕 정도만 갖추고 있다. 그나마 시설이 갖춰진 보디에 간다면 이층 침대와 화장실을 보게 될지도 모른다. 물론 아무것도 장담할 수는 없다. 대부분 화장실 대신 모종삽이 있을 테니까. 마운틴 보디협회의 닐 스튜어트의 말을 빌리자면, 이곳에서의 경험은 '텐트 없는 캠핑'과도 같다. "시골 별장쯤으로 생각해서는 곤란합니다. 휴대전화 신호가 터지지도 않을 테고 도착하려면 한참을 걸어야 해요. 지도와 나침반을 읽을 줄 모르면 절대로 갈 수 없는 곳이죠." 마운틴 보디협회는 1965년에 외진 곳의 조촐한 숙소들을 관리할 목적으로 설립되었다. 현재는 그레이트브리튼 외지의 숙소 100여 곳을 돌보고 있다.

보디는 보통 예약이 불가능하다. 그러므로 하이킹 시에는 연료가 될 만한 석탄이나 나무, 식량, 침낭과 보디에 묵지 못할 상황을 대비해 텐트도 챙기는 게 좋다. 한편 보디에 머무는 사람은 지켜야 할 규칙이 있다. 다른 투숙객과 주변 환경을 배려하고, 숙박 인원 제한을 따라야 한다.

루이스섬에 숨겨진 이 마법의 공간에 가려면, 먼저 울라풀을 들러야 한다. 인버네스에서 북쪽으로 두 시간 동안 차를 몰고 가면 나오는 마을이다. 울라풀에 도착했으면 캘리도니언 맥브레인Caledonian MacBrayne 페리를 타고 두 시간 반을 이동해 스토너웨이로 간다. 스토너웨이는 루이스섬 최대 도시이자 노스 유이스트와 사우스 유이스트가 속한 아우터 헤브리디스제도의 수도다. 루이스섬은 제도를

통틀어 면적이 가장 넓은 섬으로, 큰 섬 덩어리 일부를 이룬다. 루이스섬 남쪽에는 트위드 직물로 이름 높은 해리스섬이 자리했다. 이 제도는 암초와 작은 섬들, 물개가 앉은 바위가 마치 끊긴 목걸이처럼 띄엄띄엄 이어지다가 차츰 사라지는 모양을 하고 있다.

루이스섬 여행의 백미는 단연 하이킹이지만, 섬을 돌아다니려면 자동차를 타는 것이 가장 편리하다. 차로 다니면 열대지방 느낌의 백사장 해변부터 스톤헨지보다도 역사가 오래된 칼라나이스 거석까지 독특한 경치를 즐길 수 있다. 참고로 맹거스타 보디는 도보로만 접근할 수 있다.

시간 여유가 있다면 헤브리디언 웨이를 따라 느린 여행의 세계에 눈을 떠보는 것도 추천한다. 이 코스는 총 251킬로미터로, 배라섬의 바터세이에서 출발해 페리와 하이킹 경로를 통해 열 개 섬을 이동하여 루이스섬까지 이어진다. 이동 중에는 대서양의 드넓은 경치, 숨겨진 밀수꾼 동굴과 한적한 만, 스코틀랜드에만 있는 농작지 소유 시스템인 크로프팅, 농가 공동체와 없는 게 없는 마을 가게, 후미에서 사냥하는 물수리 등을 보게 될 것이다.

여름에 섬을 방문한다면 걷는 내내 스코틀랜드 날벌레를 여행 동무로 삼아야 한다. 늦봄이나 초가을에는 벌레에 덜 시달리며 좀 더 조용한 여행을 즐길 수 있다. 언제 방문하더라도 비는 피하기 어렵겠지만, 따스한 환영과 느긋한 풍경이 언제나 당신을 기다리고 있을 것이다.

이전 장 왼쪽

맹거스타 해안선에서 발견되는 극적인 모양의 '시스택'은 수만 년간의 해안 침식, 화산 열, 얼음과 바람의 작용으로 만들어졌다. 바다 카약을 타면 이를 가까이 볼 수 있다. 맹거스타 해변은 서퍼들 사이에서 유명하다. 따로 보드를 챙겨가지 않아도 로어 바바스에 있는 헤브리디언 서프Hebridean Surf 상점에서 빌릴 수 있다.

아래 오른쪽

해리스섬 유이스그니발 모어의 야트막한 비탈에 자리한 부나바이니다르Bunabhainneadar는 영국에서 가장 외딴 테니스장이다. 1998년에 이곳이 생기기 전까지 주민들은 길가에 고기잡이 그물을 걸어놓고 테니스를 치다 차가 오면 치우기를 반복해야 했다. 테니스를 좋아하는 여행자들은 순전히 이 테니스장에 가려고 섬을 찾기도 한다.

맞은편

루이스섬 게리나하인에 있는 한 폐허 건물. 1960년대에는 이 근처에서 유령을 봤다는 목격담이 잇따랐다. 흰옷을 입고 지팡이를 들고 다닌다는 키 큰 여자 유령은 운전자들을 공포로 몰아넣었다. '게리나하인 은빛 여인'의 정체는 동네 지주였던 페린스 부인으로 밝혀졌다. 페린스 부인은 《스토너웨이 가제트》와의 인터뷰에서 "나는 그저 밀렵꾼을 쫓아낼 뿐이랍니다"라는 말을 남겼다.

오른쪽

스카이섬 북단의 루바 후니시에 있는 룩아웃 보디Lookout Bothy는 원래 해안경비대 초소였으나, 현재는 고래 관찰자들이 찾는 명소가 됐다. 나무로 된 이층 침대가 있어 최대 일곱 명이 투숙할 수 있으며, 가장 가까운 도로에서부터 한 시간 가까이 습지대를 헤치고 가야 도착한다.

GALÁPAGOS ISLANDS

전설의 동물이 사는 곳으로

위치	태평양
좌표	0.95°S, 90.96°W
면적	7880제곱킬로미터
인구	2만 5000명
주요 도시	푸에르토 아요라

갈라파고스 국립공원 가이드 라미로 하코메 바뇨는 이사벨라섬의 야생 해변을 가리키며 이렇게 말한다. "세상에 갈라파고스 같은 곳은 없어요. 여기는 노아의 방주와 에덴동산을 합친 곳 같달까요."

해변 바위에는 이구아나들이 삐죽삐죽한 등과 미끈한 팔다리를 내놓고 햇빛을 쐬고 있다. 바다사자는 파도가 철썩이는 모래사장 끝에 태평하게 누워 시끄럽게 울어 젖힌다. 몸놀림이 날쌘 어느 카리브해 무용수의 이름을 딴 게 틀림없을 샐리 라이트풋 크랩은 물살에 휩쓸려 옆 걸음질 한다. 하늘에서는 사다새와 군함새가, 절벽에서는 나스카 부비새가 꽥꽥 운다. 좀 더 내륙으로 들어가면, 커다란 거북이 아침 먹이를 찾으러 엉금엉금 덤불을 헤치고 나온다.

바뇨는 야생동물을 찾아 터벅터벅 해변을 거닌다. "대단하지 않나요? 30년째 갈라파고스섬을 다니는데도 날마다 놀라워요."

에콰도르에서 태평양 서쪽으로 대략 966킬로미터를 가면 태평양판, 코코스판, 나스카판 총 세 개 해양판에 걸쳐 21개 섬으로 이뤄진 갈라파고스제도가 나온다. 이사벨라섬은 화산 분화구에서 뿜어져 나오는 증기로 인해 언제나 하늘이 자욱하며, 용암 평원이 해변 어귀까지 이어진다. 섬 최대 화산인 울프 화산은 2015년 한차례

폭발했고 2022년에 또다시 폭발했다. 화산 활동으로 매번 섬이 초토화되는데도, 갈라파고스 주민들은 놀랍도록 풍부하고 복잡한 이곳의 생태계를 지키려고 노력한다. 수 세기 동안 갈라파고스제도는 '환상의 섬'이란 의미의 '라 이슬라 엔칸타다스'라는 이름으로 불려왔다. 이곳을 터전 삼은 멋진 생물들 덕에 붙은 이름이다.

찰스 다윈은 죽는 날까지 갈라파고스의 야생동물에 애정을 쏟았다. 1835년, 스물여섯 살의 박물학자였던 다윈은 비글호에 탑승해 채텀섬(현재 산크리스토발섬)에 처음 발을 들였다. 그는 섬 동물들을 관찰했고, 그 생물들이 거친 섬 환경에 어떻게 적응하여 생존하였는가를 살폈다. 이 연구는 훗날 그가 그 유명한 자연 선택을 통한 진화 이론을 정리하는 데 막대한 영향을 주었다. 다윈은 이렇게 적었다. "갈라파고스제도는 작은 세상을 품고 있다. 아마도 우리는 지구에 새로운 종이 어떻게 처음 모습을 드러내는가 하는, 수수께끼 중의 수수께끼이자 위대한 사실에 가까워졌는지도 모른다."

두 세기가 지난 오늘날의 갈라파고스제도는 자연의 소중함과 위기를 동시에 상징한다. 이제 섬은 야생동물 관광을 대표하는 곳이 됐다. 갈라파고스제도는 1959년 국립공원으로 지정되었고,

1976년 유네스코 세계유산이 되었다. 전체 땅덩어리의 97퍼센트가 공식적인 보호구역이지만, 섬을 찾는 관광객들이 늘면서 연약한 생태계는 크나큰 타격을 입었다. 1970년대에는 1년에 수천 명 정도만 섬을 다녀갔으나, 2010년대에는 해마다 16만 명이 섬을 찾았다. 갈라파고스제도에 상시 거주하는 인구만 해도 2만 5000명이다. 그중 절반은 중심 지역인 산타크루스섬 푸에르토 아요라에 살고 있다. 이 도시는 호텔, 가게, 학교가 여럿 들어서 있고, 때로 교통 체증이 있을 만큼 북적인다.

유네스코는 기후 위기로 가장 위험해진 지역으로 갈라파고스제도를 꼽는다. 그러므로 관광할 때는 책임감 있는 태도를 갖춰야 한다. 예를 들어 배편으로 돌아다니면 인프라 의존도를 낮출 수 있고, 탄소 발자국을 줄일 수 있으며, 국립공원이 보호가 가장 시급한 지역의 관광객 출입을 관리하는 데도 도움이 된다. 갈라파고스제도 관광은 소규모 공항 두 곳이 위치한 산타크루스섬이나 발트라섬 인근, 또는 산크리스토발섬에서 시작된다. 쾌속선을 예약해 며칠씩 여행을 다닐 수도 있지만, 일반 배나 요트를 이용하는 편이 소음을 덜 만

들고 더 청정한 방법임을 명심하자. 물론 어딜 가든 규제는 철저하다. 갈라파고스 국립공원 부서가 승인한 선박만 섬을 드나들 수 있으며, 사전에 합의한 일정대로 일부 지정된 선착장만을 이용해야 한다. 무엇보다 관광객은 바뇨와 같은 공인 박물학자 가이드와 상시 동행해야 한다. 박물학자들은 야생동물과 접촉하는 관광객을 감독하며 그들이 공원 규칙을 준수하는지 살핀다.

바뇨는 다음과 같이 말한다. "갈라파고스의 문제는 단 하나의 예외도 없이 모두 인간에게 책임이 있습니다. 우리는 최선을 다해 이 소중한 공간을 지켜야 해요. 그러면 그만한 보상이 따를 테고요. 제대로 관리만 되면 관광업은 섬의 환경에 긍정적인 힘이 될 수 있습니다. 결국은 사람들이 이곳에 와 직접 두 눈으로 보아야만 섬의 가치를 이해하리라고 생각합니다."

바뇨는 해변으로 시선을 돌려 철썩이는 파도 속에서 노는 바다사자 가족을 바라본다. "세상은 아름다운 균형을 이루고 있지요. 그리고 이곳 갈라파고스처럼 그 균형이 아름다운 곳은 없습니다."

오른쪽

갈라파고스 바다사자는 바위보다 해변 모래사장에 모여 있기를 좋아한다. 이 양증맞은 바다사자들은 친화력이 좋아 인간과도 잘 지낸다. 제도에서 바다사자가 가장 많이 모여 사는 곳은 행정 수도인 푸에르토 바케리조 모레노다. 해변의 주인이라 불리는 바다사자 무리의 대장은 굉장한 울음소리를 내는 것으로 힘을 과시한다.

아래

바다이구아나는 갈라파고스제도에서만 볼 수 있다. 과학자들은 이 종이 남아메리카에서 흘러들어와 오랜 세월 동안 섬 환경에 적응해왔다고 추측한다. 납작한 꼬리로 헤엄치고, 혈액 속 과도한 염분을 배출하는 땀샘이 발달한 것이 그 증거다. 바다이구아나는 바닷가에서 먹이를 찾아 먹지만 정작 물속에서는 숨을 쉬지 못한다. 대신 한 시간 가까이 숨을 참을 수 있다.

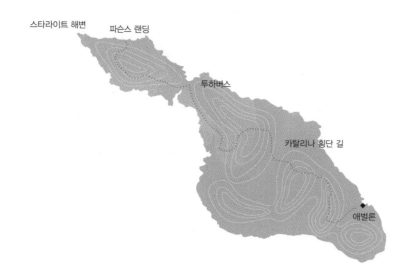

스타라이트 해변　파슨스 랜딩

투하버스

카탈리나 횡단 길

애벌론

SANTA CATALINA

자전거, 그리고 들소와 함께하는 로스앤젤레스의 섬

위치	태평양
좌표	33.38°N, 118.41°W
면적	194.2제곱킬로미터
인구	4096명
주요 도시	애벌론

로스앤젤레스 수평선에서 반짝이는 샌타카탈리나섬은 야생 그대로 수풀이 우거지고 언덕이 많은 섬이다. 이 섬에 들어가려면 자연의 아름다움과 대조를 이루는 도로를 지나야 한다. 아메리카 대륙 최대 항구의 거대한 컨테이너와 승강기들을 배경으로 로스앤젤레스 남부 405번 주간 고속도로의 10차선 도로를 운전하다 보면, 도시가 이렇게 커지기 전의 모습은 어땠을지 새삼 궁금해진다. 거대한 도시 풍경은 배를 타고 한 시간 더 가야 비로소 자취를 감춘다.

샌타카탈리나섬은 남부 캘리포니아 연안의 채널제도를 이루는 여덟 개 섬 중 하나다. 채널제도 중 유일하게 상당한 수의 주민이 상주하는 섬이기도 하다. 1950년대에는 할리우드 명문가 자제들이 휴양 목적으로 이 섬을 많이 찾았으나 요즘은 야생에 관심이 많은 이들에게 더 유명하다. 참고로 채널제도는 토착종 150종을 보유하고 있다. 섬으로 가는 바닷길 이곳저곳에 아담한 만이 있는데, 짙푸른 바닷물은 캘리포니아라기보다 카리브해를 닮았다. 황금빛 햇살이 물 위에서 춤을 추고, 파도 속에서는 돌고래가 즐거이 뛰논다. 섬의 주요 거주지인 애벌론이나 투하버스의 외곽으로 나가 하이킹, 사이클링, 카약을 즐긴다면 평온한 캘리포니아 분위기를 한층 더 만끽

할 수 있다. 애벌론에서는 동물을 구경하려고 당일치기로 섬을 찾는 여행자들을 위해 주기적으로 야생동물 관광버스를 운영한다. 휴양지답게 애벌론에는 여행사, 슈퍼마켓, 호텔, 식당 등이 널려 있다. 그러나 에어컨이 나오는 버스에 앉아 창문을 사이에 두고 사진이나 찍는 여행은 어쩐지 아쉬움이 남는다.

그렇다면 스타일을 바꿔 62킬로미터 정도 되는 카탈리나 횡단 길을 걷는 것도 방법이다. 직접 가파른 길을 올라 야생동물이나 장엄한 풍경을 마주할 때의 보람은 이루 말할 수 없다. 횡단 길을 완주하기보다 일부만 걷는 것이 수월하기는 하겠지만, 초봄이라면 하루 이틀 야영 일정을 세우는 것도 후회 없는 선택이다. 겨울비가 내리고 나면 수풀, 갓 돋은 선인장 순, 들꽃이 흐드러지게 피어나 산과 풀밭이 온통 푸르러진다. 강렬한 붉은색의 카스티예하*Castilleja* 꽃도 빼놓을 수 없다. 여름과 가을에는 기온이 높기 때문에 그늘 없는 샌타카탈리나섬의 산길을 하이킹하며 여행하기에는 힘들 수 있다.

섬을 둘러보다 보면, 이 섬이야말로 캘리포니아의 본모습을 그대로 간직하고 있는 것 같다는 생각이 들 것이다. 금빛과 초록빛의 완만한 언덕의 모습은 인간의 손길이 닿지 않은 것처럼 보인다. 하

여객선 카탈리나 익스프레스Catalina Express와 카탈리나 플라이어 Catalina Flyer는 본토의 샌피드로, 롱비치, 데이나포인트에서 출발해 애벌론과 투하버스로 향한다. 섬에서 자가용은 몰 수 없다. 다행히 애벌론과 투하버스는 면적이 그리 넓지 않아 도보로 돌아다녀도 충분하다. 자전거와 골프 카트를 대여할 수는 있으나 두 도시 사이를 오갈 때는 페리를 타는 것이 제일 편리하다.

불거리와 관광 명소

투하버스의 하버 리프 레스토랑 Harbor Reef Restaurant에서 파는 버펄로 밀크 칵테일을 추천한다. 바나나 크림, 카카오 크림, 칼루아, 보드카, 우유 크림으로 만든 맛 좋은 칵테일이다. 여기서 1.6킬로미터 정도를 걸어 에어포트 인 더 스카이Airport in the Sky를 방문해 현지 주민들이 인정하는 섬 최고의 햄버거를 맛보는 것도 좋겠다. 이 식당은 애벌론과 투하버스 중간 지점에 있다. 어디서 출발하건 세 시간 반 정도를 하이킹해야 한다.

묵을 곳

사전 예약은 필수이며, 주말에 방문 예정이라면 더욱 그러하다. 모든 숙소의 객실 수가 얼마 안 되기 때문이다. 투하버스에 있는 배닝 하우스 로지Banning House Lodge는 1912년 크래프츠맨 스타일로 지은 민박집으로, 객실이 12개 있다. 평화롭고 조용한 절경을 감상하고 싶다면 후회하지 않을 곳이다. 캠프장 예약은 카탈리나섬 관리처 웹 사이트 catalinaconservancy. org에서 해야 한다.

알아두면 좋은 정보

1981년 11월 투하버스 앞바다에서 여배우 내털리 우드가 요트에서 추락해 사망했다. 이를 둘러싸고 수십 년간 음모론이 이어졌다. 2011년 사건 수사가 재개되었고, 사인은 '익사'에서 '익사 및 기타 미확인 요소'로 정정되었다. 현재 담당 수사관과 사고 현장의 목격자는 대부분 세상을 떠난 상태다.

지만 사실 카탈리나섬의 생태는 대부분 이 섬에 이끌려 정착한 사람들이 만들어낸 결과물이다. 돌고래와 환한 주황색의 가리발디 물고기를 제외하고, 섬에서 사랑받는 다른 동물은 모두 인간이 들여온 것이라고 보면 된다.

캘리포니아 채널제도에 처음 터를 잡은 원주민은 통바 부족이다. 카탈리나섬에 여우를 들여온 것도 아마도 이 부족이거나 아니면 그들의 본토 이웃 부족일 것이다. 유럽(이후에는 미국)의 광부와 밀수꾼, 해적 무리가 깊숙이 숨어 있던 채널제도의 산과 바다를 점령하기 시작하면서 고양이와 쥐 등 배에 딸려 들어온 동물이 섬에 터전을 잡았다. 1924년에는 무성 서부영화 〈사라진 미국인The Vanishing American〉을 촬영하기 위해 섬에 아메리카들소를 실어왔다. 그런데 자금이 바닥나 촬영이 중단되면서 들소 떼는 이 지상낙원에 고립되어버렸다. 이제 들소는 섬 생태계의 일부가 되었다.

카탈리나섬을 찾는 하이커와 야영객이라면 여우와 들소뿐 아니라 인간에게 어느 정도 의존해 살아가는 동물도 만나게 될 것이다. 개체수가 계속해서 늘고 있는 까마귀는 섬 어딜 가든 보인다. 영리하기로 유명한 카탈리나섬 까마귀들은 해변이나 캠프장에서 사람들의 간식을 채 가는 데 선수다. 지퍼 백으로 밀봉해둔 음식도 예외가 아니다. 공짜 점심을 위해서라면 뭐든 열어젖힌다. 이에 카탈리나섬의 여러 캠프장은 식량을 안전히 보관할 수 있는 일명 '식량 상자'를 제공한다. 일부 까마귀는 그것마저 부수곤 한다. 그렇다 하더라도, 일단은 투하버스 잡화점에서 식량과 캠핑 물품을 채워 출발하도록 하자.

섬을 제대로 구경하려면 두 발로 걷는 것이 최고의 방법이다. 아름다운 오지에 있는 해변 캠프장은 도보나 자전거 또는 카약을 통해서만 진입할 수 있다. 저녁 무렵, 태평양을 바라보는 리틀 하버 해변에 가면 바다 너머 저무는 태양을 감상할 수 있다. 섬의 서쪽 끝에 자리한 파슨스 랜딩에는 여덟 개의 캠프장이 있는데, 저마다 남부 캘리포니아 본토의 절경을 선사한다. 모래사장 위 텐트에 누워 파도가 부서지는 소리를 밤새 듣는 것은 최고의 캠핑 경험일 것이다. 바다 저편에서는 세계에서 가장 분주한 대도시의 불빛이 깜박이고 있지만, 적어도 이 섬에 있는 동안은 꼭 우주에 있는 것처럼 모든 것이 아득하게 느껴진다.

섬에서는 들소 떼의 개체수가 150마
리로 유지되도록 관리하고 있다. 과도
한 방목으로 경관을 해쳐서는 안 되기
때문이다. 들소는 섬의 아이콘으로, 벽
화와 메뉴판, 풍향계 등에서 들소의 이
미지를 흔하게 볼 수 있다. 들소를 가
까이 보고 싶은 여행객은 지붕을 개방
한 지프차를 타고 관광해보자.

카탈리나 횡단 길은 약 62킬로미터이
며, 아름다운 비탈길을 따라 쭉 이어
진다. 도중에 띄엄띄엄 캠프장이 다섯
곳 있다. 횡단 길을 완주하려면 사나
흘이 걸린다. 종점인 스타라이트 해변
까지 도착했다면, 다시 투하버스로 걸
어 돌아와야만 배를 탈 수 있다. 즉 이
동 거리가 14.5킬로미터 더 늘어난다
는 뜻이다.

아래

본토 로스앤젤레스에서 쾌속선을 타면 카탈리나섬에 들어갈 수 있다. 일반적이지는 않지만, 뉴포트 해변에서 쌍동선을 타는 것도 방법이다. 아쉽게도 카탈리나 익스프레스의 생일자 무료 탑승 정책은 2017년부로 종료되었다.

다음 장

투하버스에서 파슨스 랜딩으로 이어지는 해안 길 하이킹은 만만하지 않다. 만을 따라 길이 위아래로 굽이지기 때문이다. 또 날이 매우 무더운 날에는 물을 넉넉히 준비해 두 시간에 한 번 꼴로 1리터의 물을 섭취해야 한다. 북부 해안에서 카약을 타는 것으로 이 하이킹을 마무리 지어도 좋다.

호르무즈

침묵 골짜기

가디스 오브 솔트

무지개 골짜기

조각 골짜기

레드 해변

실버 해변

HORMUZ

놀라운 지형에 펼쳐진 환상의 풍경

위치	호르무즈해협
좌표	27.06°N, 56.46°E
면적	42제곱킬로미터
인구	5891명
주요 도시	호르무즈

호르무즈해협은 억울하다. 페르시아만에서 이란, 오만, 아랍에미리트에 둘러싸인 이 좁은 해협에서는 날마다 세계 석유 거래량의 3분의 1이 오간다. 그로 인해 이곳은 지정학적 갈등의 온상지가 되고 말았다.

하지만 뉴스 속 진실은 섬이 가진 반쪽짜리 비밀일 뿐이다. 구불구불한 이 바닷길은 자연이 준 깜짝 선물을 고스란히 품고 있다. 청록색 물이 반짝이는 섬들, 입이 떡 벌어지게 아름다운 절경과 풍부한 문화유산이 그것이다. 그중에서도 42제곱킬로미터 면적의 호르무즈섬 풍경은 단연 압권이다. 이 섬은 이란 본토의 남부 해안에 자리한 항구 도시 반다르아바스에서 30분 페리를 타고 가면 나온다.

섬이 작다고 실망하기는 이르다. 눈물방울 모양의 이 섬은 진기한 지형을 이루고 있다. 하나뿐인 시내에서 외곽으로 빠지면 총천연색 만화경이 사방에서 튀어나온다. 작열하는 태양 아래 해변과 절벽과 산이 이글이글 타는 숯덩이처럼 뜨겁게 빛나며, 모두 루비색, 진홍색, 황토색으로 강렬한 음영의 무늬를 뿜낸다. 화산 작용으로 철이 풍부해진 토양과 그곳에서 나는 70종 이상의 광물 덕분이다.

섬의 유일한 순환도로를 통해서만 이처럼 빼어난 자연경관을 둘러볼 수 있다. 서늘한 겨울에는 호르무즈 시내에서 자전거를 빌리거나 걸어 다니며 주변을 탐방해도 좋다. 날이 더워지면 삼륜 택시를 타고 다니는 것도 방법이다. 참고로 호르무즈섬은 하루 최고 기온이 30도를 넘지 않는 11월~3월 중에 방문하기를 추천한다. 여름에는 기온과 습도가 견딜 수 없을 만큼 높아지므로 방문을 자제하는 편이 좋다.

순환도로를 따라 시계 반대 방향으로 여행하다 보면 소금 바위에 분홍, 빨강, 크림 화이트 색깔의 띠가 둘린 '침묵 골짜기', 기둥들과 동굴들 사이에 우뚝 솟아 반짝이는 소금산 '가디스 오브 솔트'를 차례로 만날 수 있다. 신발을 벗고 맨발로 소금 알갱이를 느껴보자. 전해지는 말에 따르면, 이 산은 좋은 기운을 뿜어낸다고 한다.

호르무즈섬의 초현실적인 풍경과 느긋한 삶의 방식은 세계 각국의 히피를 불러 모은다. 히피들은 오지를 탐험하고 섬의 대표 명소인 해변에서 캠핑하며 며칠, 또는 몇 주씩 시간을 보낸다. 호르무즈섬에는 골짜기가 특히 많은데, 저마다 뚜렷한 지형적 특징을 자랑한다. 가디스 오브 솔트에서 남서쪽으로 조금만 이동하면 '무지개 골짜기'가 나온다. 이곳 토양은 색깔이 유독 선명하다. 빨간색,

가는 방법

반다르아바스에서 페리를 타고 호르무즈섬까지 들어가는 방법이 가장 편리하다. 자전거를 빌리거나 걸어 다니는 것도 괜찮은 방법이다. 시간을 최대로 아끼고 자외선으로부터 피부를 보호하려면 삼륜 택시를 고용해 섬을 둘러보자. 페르시아만 섬들을 더 보고 싶다면 케슘섬으로 가는 페리를 타면 된다. 케슘섬은 페르시아만에서 가장 크고 인구가 많은 섬이며, 이란 남부 해안가에 퍼진 반다리 문화의 중심지다.

볼거리와 관광 명소

멋진 골짜기들을 따라 하이킹하며 아름답고 진기한 지형을 구경해보자. 먼저 포르투갈 식민지 개척자들이 세운 요새를 방문한 뒤 호르무즈 시내 인근의 카페와 갤러리를 방문해보자. 레드 해변에서 해수욕한 후 반짝이는 모래사장에 누워 노을을 즐기는 것도 추천한다. 섬의 모래는 페이스 페인트 구실을 한다. 주민들은 눈을 보호하는 용도로도 활용한다. 고운 흙을 향신료로 쓴 스튜와 커리도 꼭 맛보기를.

묵을 곳

섬의 중심지는 북단에 있는 도시 호르무즈다. 이외 다른 곳에는 편의시설이랄 게 사실상 없다고 보면 된다. 가정집을 숙소로 삼아 현지 문화를 접하며 틈틈이 맛있는 음식을 먹거나, 남부 해안에서 캠핑하는 것을 추천한다. 마자라 레지던스Majara Residence는 해변 부티크 호텔로, 여행객을 위한 편의시설을 갖추고 있다. 달 모양의 건물 자체로도 매력이 넘친다.

알아두면 좋은 정보

베네치아 여행가 마르코 폴로는 호르무즈를 두 번 방문했다. 그 시절 호르무즈는 지역에서 가장 큰 항구 마을로 인도, 아프리카, 중동 간 무역을 주도했다. 유서 깊은 도시의 흔적은 이제 거의 사라지고 없으며 남은 것은 포르투갈 식민지 개척자들이 세운 요새의 일부 정도다. 그래도 여전히 현지의 요리, 의복, 음악에 옛 시절의 영향이 짙게 배어 있다.

보라색, 노란색, 황토색, 파란색의 강렬한 줄무늬가 땅을 뒤덮고 있다. 섬 남부의 '조각 골짜기'에는 수천 년 세월에 풍화된 아치와 탑이 있다. 또 마치 이 세상의 것이 아닌 듯 신비로운 모양으로 깎인 자연석도 있다.

섬 최고의 해변은 남부 해안에 위치해 있다. 붉은 산과 무지갯빛 토양이 하늘빛 바닷물과 만나는 곳이다. 고요하게 물결치는 섬 남단의 실버 해변은 반짝이는 모래사장으로 유명하다. 유유자적하게 수영하고 놀기에 아주 좋은 해변이다.

자연경관은 호르무즈섬 최고의 매력 요인이지만, 그렇다고 섬의 구경거리가 이것만 있는 것은 아니다. 해협을 건너기만 하면 두바이의 우뚝 솟은 고층 건물과 화려한 삶이 펼쳐진다. 이란 쪽 섬들은 페르시아만의 또 다른 모습을 보여준다. 이를테면 오래된 항구 도시, 아니면 이란과 아랍은 물론 동아프리카와 남아시아 영향을 짙게 받은 혼성 문화 같은 것들.

호르무즈섬의 작은 항구 도시도 그 흔적을 고스란히 간직하고 있다. 집들이 옹기종기 모인 이 도시는 한때 아시아, 아프리카, 유럽을 아우르는 광대한 해양 경제의 중심지였다. 5세기 호르무즈는 국제적인 수출입항이었다. 거주 인구가 40만 명 정도였고, 건조한 섬 생활을 윤택하게 만들기 위해 목재, 향신료, 신선한 물 따위를 다량으로 수입했다. 이후 16세기에는 포르투갈 식민지 개척자들이 이곳을 점령해 거점으로 삼았다. 그때 세워진 붉은 암석 요새는 지금

까지도 섬 수평선에서 존재감을 발휘한다. 오늘날 호르무즈는 수천 명 남짓이 모여 사는 한적하고 그림 같은 어촌으로, 여행하기에 더할 나위 없이 완벽한 곳이다.

호르무즈섬은 대형 관광지답지 않게 편의시설이 적다. 숙소를 찾고 있다면, 섬 문화를 체험하고 지역 경제 활성화에도 보탬이 되도록 일반 가정집에 머무는 편이 가장 낫다. 현대적인 식당과 예술 공간은 여럿 있다. 겔락 카페Gelak Café, 닥터 아흐마드 나달리안 박물관 갤러리Museum and Gallery of Dr. Ahmad Nadalian를 비롯해 타마린드, 심황, 호로파를 넣고 매콤하게 끓인 생선 스튜 겔리에 마히, 딜, 고수, 양파를 첨가한 상어 요리 푸디니 쿠세 등 특산 음식을 맛볼 수 있는 식당들을 추천한다. 아침 식사에 어울리는 토모시 빵이나 호르무즈섬에서 많이 해 먹는 커리 스타일의 스튜는 섬의 붉은 흙을 향신료로 사용한다.

호르무즈섬은 마치 지구 바깥의 어느 행성에 와 있는 듯한, 이 세상과 확실히 다르다는 느낌을 풍긴다. 다시 지구로 돌아가고 싶다면 바닷물에 들어가기만 하면 된다. 바다 위 유조선과 군함을 보노라면 이 해협이 얼마나 첨예한 무력 분쟁지인지가 새삼 와 닿는다. 그러나 섬으로 시선을 돌리면 강렬한 아름다움과 다양한 문화, 느긋한 분위기에 또다시 취한다. 그렇게, 유조선도 군함도 평화로운 파도에 휩쓸려 멀어진다.

이전 장 왼쪽

호르무즈섬은 '무지개 섬'으로도 불린다. 붉고 미네랄이 풍부한 토양 때문에 붙은 이름이다. '마자라 레지던스'를 디자인한 이란 회사 자브 아키텍츠는 다채로운 색깔을 활용해 200채가 넘는 건물을 지었다. 조립식 빌라와 고층 별장 건물만 잔뜩 세우는 것이 아니라, 현지에서 재료를 조달한 지속 가능한 건축물로 관광객을 끌어모으겠다는 목표로 시작된 프로젝트였다.

맞은편

호르무즈섬의 붉은 흙은 한때 다량으로 채굴되어 수출되곤 했다. 지금은 천연자원 보호를 위해 채굴 생산이 중단되었으나, 광산에는 방문해볼 수 있다. 놀랍게도 이 흙은 현지 음식에 들어간다. 먹어도 안전한 까닭이다. 주로 양념으로 쓰여 토모시 빵에 자주 곁들여진다. 토모시 빵은 호르무즈섬과 페르시아만 해안가에서 흔히 접할 수 있다.

아래

닥터 아흐마드 나달리안 박물관 갤러리에 가면 섬의 예술을 감상할 수 있다. 구시가지에 위치한 이 박물관은 호르무즈섬에서 영감을 받거나 섬에서 나는 재료로 만든 미술품을 전시하고 관련 기념품을 판매한다. 미술가 나달리안이 직접 만든 작품은 물론, 그가 육성한 현지 여성 예술가들의 작품도 만날 수 있다. 나달리안은 프랑스와 영어를 유창하게 구사하며, 관내에서 방문객을 직접 맞이하는 날도 많다.

다음 장 오른쪽

제리 풀락 역사관Jerry Pulak Historical House은 호르무즈 서쪽 부둣가에 자리하고 있다. 1925년부터 1979년까지 집권한 이란의 마지막 왕조인 팔레비 왕조 시절 개관해 지금은 문화센터로 쓰인다. 이곳에서 텐트 만들기, 헤나 바르기, 바느질로 무늬를 넣는 섬세한 자수 공예인 '수잔 두지' 등 전통 공예를 접할 수 있다.

The
Armchair
Traveler

탁상 여행가

여행의 즐거움은 상당 부분이 기대감에서 온다. 여행지로의 출발을 앞두고 머릿속에 끊임없이 떠오르는 환상과 몽상은 여행에 생기를 불어넣는다. 우리는 희망을 품는다. 세상 반대편에 생각지도 못한 운명이 기다리고 있을 거라고. 그동안 얻지 못했던 새로운 통찰을 얻게 될 거라고. 흥미진진한 모험을, 그게 아니면 아름다운 누군가를 만나게 되리라고. 이러한 기대감을 뜻밖의 방식으로 충족하는 멋진 여행도 있지만, 집 앞 공원에 가는 것과 별반 다르지 않은 목적지로 몸만 덜렁 옮겨지는 허무한 경험을 할 때도 있다. 다시 말해 여행을 꿈꾸는 것은 분명 황홀하다. 그러나 여행 자체는 그렇지 못할 때도 많다.

그렇다면 기대감이 주는 전율까지만 누리면 어떨까? 이를 위해 만들어진 '탁상 여행가'라는 말은 방구석 척척박사라거나 무면허 방구석 심리학자 같은 표현처럼 어쩐지 보잘것없는 뉘앙스를 은은하게 풍긴다. 하지만 여행을 생생하게 상상하는 일은 실로 진실하고 보람찬 기쁨이다. 실제로 여행을 해보았는지는 중요하지 않다.

옛날 사람들은 지구의 물리적 한계를 다 헤아리지 못한 채로 공상 여행을 즐겼다. 지도 끝자락은 괴물이 사는 미지의 장소였다. 그런 곳에는 히크 순트 드라코네스*hic sunt dracones*, 다시 말해 "여기 용이 있다"라는 문구가 적혔다. 수천 년 동안 여행은 느리게 발전할 수밖에 없었고, 호기심이 왕성한 사람들은 여행 문학이나 안내서, 탐험가 일지와 지도책 따위를 읽으며 세상을 알아가야 했다. 그러나 작고 평평한 종이 위에도 모든 가능성은 존재한다. 고향과 전혀 다른 삶이 펼쳐질 머나먼 바닷가의 흔적이 거기 실려 있기 때문이다.

조리 카를 위스망스의 1884년 소설 『거꾸로』에는 속세와 떨어져 미적 완벽함에 도달하고자 일생을 헌신하는 프랑스 공작 장 데 제셍트가 나온다. 찰스 디킨스 작품에 심취한 데 제셍트는 은둔 생활에서 벗어나 추적추적 비가 내리고 지저분한 런던에 가고 싶다는 열망에 사로잡힌다.

그래서 런던행 표를 산 그는 가르 뒤 노르 기차역 인근의 영국 식당에서 식사를 하며 기차를 기다린다. 그런데 출발 직전 돌연 집으로 발길을 돌린다. 책을 읽으며 키워온, 영국에 관한 섬세하고 완전한 상상을 망치고 싶지 않았기 때문이다. 프랑스로 여행을 온 영국인들이 수다를 떠는 식당 안에서 이미 상상했던 여행의 감상을 완벽하게 느낀 터였다. 더 볼 것은 없다.

섬세한 상상의 대가인 데 제셍트 공작이 요즘 시대에 탁상 여행을 한다면 어떨지 쉽사리 그려지지 않는다. 요즘은 위성사진을 검색하면 실시간으로 지구 어느 곳이든 다닐 수 있다. 휴대전화 속 지도 앱을 손가락으로 훑는 재미도 쏠쏠하다. 그 지역의 지형과 등고선, 도시와 거리 이름, 크레용 블루 빛깔의 바다와 그 옆에 환히 펼쳐진 베이지색 모래사장, 양곤 시내의 술집, 호주 오지에 꼼꼼하게 페인트칠된 외딴집 한 채, 바누아투 부두 옆 철물점까지. 탁상 여행은 또 다른 삶에 대한 상상을 번뜩이게 만든다.

몇십 년 전만 해도 그러지 않았는데, 어느새 우리는 지도 제작술의 발전을 당연하게 받아들이게 되었다. 그러다 최근 코로나19 팬데믹 동안 집에 발이 묶인 사람들이 지도의 환상적인 가능성을 재발견했다. 사람들은 디지털 여행으로 방랑벽을 해소했다. 하지만 풍부해진 기회에는 대가가 따랐다. 기술의 발달로 세계 어느 곳이든 원하면 즉시 볼 수 있게 되었지만, 그 대가로 우리는 한 번도 가보지 못한 곳을 내키는 대로 상상할 자유를 잃었다. 명확한 정답이 늘 있기 때문이다. 클릭 몇 번이면 우리의 상상이 진짜인지 허구인지가 판가름 난다.

여행에 관한 글쓰기는 하나의 예술 행위다. 그런 재능을 타고난 사람들은 반드시 진실만을 이야기하지 않는다. 아테네 역사가 헤로도토스는 『역사』에서 이집트에 산다는 날개 달린 뱀과 불사조 이야기를 잔뜩 써놓았다. 프랑수아 르네드 샤토브리앙은 1826년 『미국 여행기Voyage en Amérique』를 발표했을 때 이국적인 느낌을 살리기 위해 문장 중 상당수를 표절했거나 꾸며냈다고 밝혔다. 그러나 유럽 독자들은 개의치 않고 그 책을 즐겼다. 몇몇 역사학자는 마르코 폴로가 실제로는 중국에 방문한 적이 없을 거라는 의혹도 제기한다.

독일 작가 유디트 샬란스키는 이러한 충동을 자기식대로, 그리고 훨씬 투명한 방식으로 풀어내 가본 적 없는 50개의 섬을 제멋대로 설명하는 책을 써냈다. 바로 2009년 출간된 『머나먼 섬들의 지도』다. 소련 체제 동독에서 태어난 샬란스키는 여행을 다닐 수 없던 유년 시절 지도에 마음을 빼앗겼고, 덩달아 여행의 꿈을 키웠다고 한다.

책 서문에서 샬란스키는 이렇게 말한다. "지도를 찾아보는 행위는 방랑벽을 일으켰다가 잦아들게 한다. 그 행위로 실제 여행을 대신할 수 있는 까닭이다. 지도 보기는 심미적 의미에서만 여행을 대신하는 게 아니다. 누구나 지도책을 여는 순간, 온 세상을 동시에 무한대로 갈망하게 된다. 이는 바라던 것을 얻어서 느끼는 만족감보다 언제나 훨씬 더 거대하다. 나에게 필요한 것은 여행 안내서가 아닌 지도책이다. 세상에서 지도책만큼 시적인 책은 없다."

지도를 볼 때 우리가 품는 갈망에 관해서는 샬란스키의 말이 분명 일리가 있다. 경도, 위도, 대陸, 해안선, 섬 따위가 표시된 지도에는 인간의 마음속에 깊이 내재한 두 가지 충동이 작동하고 있다. 먼저 지도는 세상을 이해하고 파악해 무한한 순열을 관찰하고 이를 고정된 상태로 포착하려는 욕구를 체현한다. 동시에 세상을 우리 것으로 만들고 거기에 우리의 욕망과 환상의 형태를 입히려는 욕구를 채운다.

옛 지도 제작자들은 바다 너머 세상을 악몽의 영역으로 남겨둔 채 고향 국가를 자세히 묘사하는 데 공을 들였다. 오늘날 독자들은 고향의 악몽을 뒤로한 채, 머나먼 바닷가의 이런저런 정보를 들여다본다.

"작고 평평한 종이 위에도 모든 가능성은 존재한다. 고향과 전혀 다른
삶이 펼쳐질 머나먼 바닷가의 흔적이 거기 실려 있기 때문이다."

"작고 평평한 종이 위에도 모든 가능성은 존재한다. 고향과 전혀 다른
삶이 펼쳐질 머나먼 바닷가의 흔적이 거기 실려 있기 때문이다."

II

EXPLORE

탐험

마일엔드 · 올드포트 · 다운타운 · 로열산

MONTRÉAL

마일엔드의 커피와 문화

위치	세인트로렌스강
좌표	45.51°N, 73.68°W
면적	472.55제곱킬로미터
인구	200만 4265명

몬트리올섬은 섬 같은 느낌을 주지 않는다. 바닷가 마을의 화창함도, 어촌의 호젓한 정취도 찾아보기 힘들다. 섬 안에 있으면 바다보다 도시 한가운데 위치한 로열산이 눈에 먼저 들어온다.

　로열산 동쪽 기슭으로 가면 산꼭대기 십자가상의 오마주처럼 건물들이 모여 있다. 바로 마일엔드다. 이름이 가진 의미와는 다르게, 마일엔드는 어딘가의 끝자락도 막다른 곳도 아니다. 옛 프랑스 느낌을 물씬 풍기는 자갈길과 세인트로렌스강이 만나는 동쪽 끝 올드포트까지 나가려면 5킬로미터를 더 가야 한다.

　마일엔드의 분위기는 무언가 특별하다. 20세기 중반부터 이탈리아, 포르투갈, 그리스 이민자가 급증하면서 동네에 범유럽적인 분위기가 형성되었다. 이후 젠트리피케이션으로 이민자 거주지였던 곳이 '힙스터'의 놀이터로 바뀌었다. 아케이드 파이어, 그라임스 등 여러 뮤지션의 본거지로도 유명하다. 문화 중심지답게 탐험할 매력이 넘치는 곳이다.

　평일 아침, 카페 올림피코Café Olimpico에 가면 커피잔이 부딪치는 소리 사이에 영어와 퀘벡 프랑스어 말소리가 섞여 들려온다. 한 남자가 생비아토 거리에 주차한 뒤 라테를 주문하고 기다린다. 다른 남자는 짙은 녹색 차양 아래 세워둔 빅시에 기대어 서 있다. 빅시는 자전거를 대여하는 몬트리올의 자전거 공유 시스템을 뜻한다. 이 소박한 커피숍은 가족이 운영한다. 안에서는 에스프레소 머신이 윙윙 돌아가고 텔레비전은 상시 켜져 있으며, 독자적인 세계관의 밴드 크루앙빈의 곡이 스피커를 통해 흘러나온다. 그야말로 마일엔드의 감성이 제대로 담긴 풍경이다. 할아버지 로코 퍼파로의 철학을 고스란히 물려받아 삼대째 카페를 운영하는 존 반넬리는 이 공간을 이렇게 소개한다. "돈은 적당히 벌고 친구들과 놀면서 새 인생을 시작하는 곳."

　로코 퍼파로는 1970년 이탈리아 로마에서 퀘벡으로 이민 와 마일엔드에 터를 잡았다. 그렇게 카페 올림피코의 첫 커피가 내려졌다. 동네가 유명해지면서 카페도 명소가 되었다. 반넬리는 말한다. "이곳은 몬트리올에서 새 출발을 한 이민자들의 사연을 담고 있습니다. 달리 갈 곳이 없어 여기 정착한 사람들이지요." 생비아토 거리에는 한 사이즈 커피만 판매하는 소박한 카페 올림피코 같은 곳부터 카페 인 감바Caffè in Gamba 같은 스페셜 티 커피숍까지, 16개 커피숍이 있다. 모퉁이를 돌아 생로랑 거리로 가면, 마치 웨스 앤더슨

가는 방법

섬에 있는 몬트리올-피에르 엘리오트 트뤼도 국제공항을 이용해도 되지만, 차가 있다면 섬 서쪽 끝에 있는 투르트 다리를 통과해 시내로 가는 편이 가장 편리하다. 마일엔드는 걸으며 관광하기 좋은 곳이다. 다만 길게 머물 생각이라면 자전거 대여를 추천한다. 자전거 도로가 넓어 자전거를 타기 아주 좋다.

볼거리와 관광 명소

갤러리 공간이자 공연장인 네버 어파트Never Apart 방문을 추천한다. 다채로운 프로그램을 즐길 수 있다. 생비아토 거리의 드래곤 플라워스Dragon Flowers는 가족이 운영하는 작은 꽃집으로, 지역의 오랜 명소다. 뷰티스Beautys는 아침 식사 맛집으로 유명하다. 대표 메뉴 이름은 '미시매시'다.

묵을 곳

호텔은 없으며, 아파트를 렌트하는 것을 추천한다. 그래야 이곳을 제대로 체험할 수 있다. 마일엔드 외곽으로 나가면 시골 분위기의 낭만적인 민박집 카사비앙카 Casa Bianca가 있다. 이 민박집에서는 마일엔드의 명소 어디든지 걸어서 이동할 수 있다.

알아두면 좋은 정보

마일엔드 외곽으로 나가 도심부 근처로 가면 페어몬트 더 퀸 엘리자베스 호텔Fairmont The Queen Elizabeth Hotel이 있다. 1969년 존 레넌과 오노 요코가 침대 시위를 벌이며 노래 〈평화에게 기회를〉을 녹음한 장소이기도 하다. 당시 레넌이 하도 꽃송이를 흩뿌리는 통에 호텔 청소부들은 시도 때도 없이 진공청소기를 돌려야 했다고 한다.

영화 속 건물처럼 온통 분홍색으로 꾸민 파스텔 리타Pastel Rita 카페를 만날 수 있다. 여기서 비건 페이스트리가 주는 짧고 강렬한 즐거움을 느껴보자. 바로 옆 스튜디오는 타투처럼 더 오래 지속되는 즐거움을 제공한다. 생로랑 거리와 이어진 매과이어 거리의 카페 에클레르Café Éclair는 내부에 아담한 도서관을 조성하고 있어 디지털 세상에서 잠시 벗어날 수 있는 오아시스를 선물한다. 옛 프랑스 분위기가 물씬 풍기는 식당 래리스Larrys는 브런치부터 테린, 타르타르 같은 전통 요리를 인기리에 판매 중이다.

다시 생비아토 거리로 돌아와 보면, 몬트리올의 대표 음식인 갓 구운 베이글 향이 생비아토 베이글St-Viateur Bagel의 가게 문밖으로 솔솔 새어 나온다. 이 가게는 모든 베이글을 손으로 빚어 꿀물에 끓인다. 몇 블록 떨어진 거리에 베이글 가게가 하나 더 있는데, 이 가게는 한시도 문을 닫지 않고 조명도 끄지 않는다. 100년도 더 된 페어몬트 베이글Fairmount Bagel은 매일 24시간 운영된다. 카페 올림피코의 주인 반넬리는 어느 곳의 베이글이 더 맛있는지 차마 꼽을 수 없다고 말한다. 두 가게끼리 경쟁이 얼마나 치열한지 잘 알아서다. 그는 둘 중 하나를 고르는 건 뉴욕 사람이 양키스와 메츠 야구팀 중 하나를 고르는 것과 같다고 덧붙였다. 어쨌거나, 이 섬에서는 참깨가 떨어지는 베이글을 들고 윗입술로 라테 거품을 훑으며 걸어야 제대로 아침 산책을 했다고 말할 수 있다.

수세대 전 마일엔드는 집값이 비교적 저렴한 편이라 예술가와 창작자 들이 대거 유입되었다. 그들 덕에 거리 곳곳에 멋의 자취가 남았다. 그렇다고 오래전 도시에 정착한 유대인 인구가 줄어든 것은 아니다. 지금도 이 동네는 보수주의 유대교 공동체의 터전이다. 여러 공동체가 섞여 사는 지역과 국가는 물론 많지만, 유독 마일엔드는 엄숙한 종교인부터 보헤미안까지 모두가 놀라우리만치 어울려 살아간다.

마일엔드 번화가에서는 독립 상점들을 만날 수 있다. 라이브러리 드론 앤드 쿼털리Librairie Drawn & Quarterly, 시티즌 빈티지Citizen Vintage가 대표적이다. 가로수가 심긴 골목길도 구경거리다. 고층 건물로 빼곡한 캐나다의 여느 도시들과 다르게, 마일엔드에는 '플렉스 건물'이 주를 이룬다. 복층 구조의 이 건물들에는 저마다 구불구불 재치 있는 실외 계단이 나 있다. 이 도시에서는 정말로 누구나 발코니를 가진 듯하다.

캐나다 사람들은 자기 나라를 모자이크에 즐겨 비유한다. 모든 걸 섞어 녹이는 미국식 용광로와는 다르다는 것이다. 즉, 이 나라에서는 단 하나의 보편적인 정체성에 흡수될 필요 없이 자신의 정체성을 드러내 보여도 괜찮다는 뜻이다. 이렇듯 개인을 존중하는 문화와 공동체 의식이 마일엔드를 더욱 매력적으로 만든다. 마일엔드가 예술가 마을로 불릴 수 있었던 이유는 이런 문화 덕분이었다. 반넬리는 이렇게 말한다. "작고 끈끈한 공동체 덕에 하나의 부족이 되어 살아가는 기분입니다. 정말로 작은 섬처럼요."

오른쪽

마일엔드 중심부에 터줏대감처럼 자리해온 카페 올림피코 본점은 이제 동네 랜드마크가 되었다. 1970년 처음 문을 연 뒤로 50여 년 동안 꾸준히 사랑받아온 이 커피숍은 몬트리올 올드 포트와 다운타운 두 곳에 지점을 냈다. 사업은 여전히 가족끼리 운영하고 있다.

맞은편

몬트리올의 상징적인 조립식 주택단지 해비타트 67. 이스라엘계 캐나다인 건축가 모셰 새프디가 1967년 박람회를 위해 설계한 건물로, 마일엔드에서 8킬로미터쯤 떨어진 올드 포트 남쪽에 인공으로 지은 반도에 자리 잡았다. 새프디는 도시 환경을 새롭게 바꾸겠다는 목표로 이 단지를 지었다. 이 단지는 몬트리올을 대표하는 건축물 중 하나이자 1960년대 유토피아주의의 상징물로 자리매김했다.

위

로열산에서 바라본 몬트리올 스카이
라인. 도시 중심부에 떡하니 있는 산
은 몬트리올 사람들의 자랑거리다. 산
주변으로는 매력적이고 울창한 공원
이 있는데, 여름철에는 조깅, 산책, 사
이클링, 피크닉 장소로, 겨울에는 스케
이트와 크로스컨트리 스키 장소로 인
기 있다. 마일엔드의 파크 애비뉴와 몽
로얄 애비뉴 교차로를 통해 공원에 진
입할 수 있다.

오른쪽

베이글은 치즈 커드와 그레이비를 끼
얹은 감자튀김인 '푸틴'과 더불어 몬트
리올을 대표하는 음식이다. 반죽을 꿀
물에 끓이는 게 특징으로, 끓인 다음에
는 장작 오븐에 구워낸다. 생비아토 거
리의 전설적인 베이글 가게 생비아토
베이글은 도시에서 역사가 가장 오래
된 베이글 가게다.

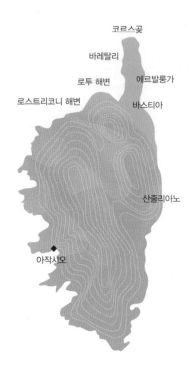

코르스곶
바레탈리
에르발룽가
로투 해변
바스티아
로스트리코니 해변

산줄리아노

아작시오

CORSICA

오래된 시트러스 숲속에서 한 점의 평온을

위치	지중해
좌표	42.03°N, 9.01°E
면적	8722제곱킬로미터
인구	34만 9465명
주요 도시	아작시오

코르시카섬은 향기의 섬이다. 기념엽서에 등장하는 주요 도시와 휴양지를 벗어나면 삐죽삐죽 솟은 산과 울창한 초목이 하얀 모래사장까지 이어지고, 해변 너머로는 지중해 바다가 펼쳐진다. 지중해의 로즈메리, 라벤더, 타임, 세이지, 민트가 사방에 피어난 이 섬에 발을 들이면, 가장 먼저 레몬 향이 코끝에 풍긴다. 섬 깊숙이 숨어 있는 시트러스 숲은 코르시카섬 사람들의 밥상을 책임진다.

섬 동부 바스티아 해안에서 남쪽으로 한 시간 차를 몰고 산줄리아노로 가면 시트러스 생물자원센터가 나온다. 이곳 숲에서는 금귤, 불수감, 유자, 코르시카섬에서만 나는 클레멘타인과 자몽, 오렌지, 탄제린, 레몬을 포함해 1000여 종에 달하는 시트러스속 과일이 자란다. 이 섬은 자치가 허용된 프랑스 영토이지만, 일부 주민들은 독립을 바란다. 코르시카섬은 세계에서 가장 귀중한 시트러스 수확지 중 하나로, 수많은 향수 제조사와 요리사가 사랑하는 섬이다. 자기 이름으로 미슐랭 별 여섯 개를 받은 프랑스 요리사 안소피 피크는 산줄리아노 숲에 깊은 감명을 받아 프랑스어로 '시트러스'를 뜻하는 제목인 『아그륌Agrumes』이라는 요리책을 펴내기도 했다.

레몬의 조상으로 알려진 시트론은 쭈글쭈글한 껍질에 풍부한

즙과 살짝 쌉쌀한 맛, 힘을 북돋는 향을 가진 축구공 모양의 연녹색 과일이다. 코르시카산 시트론은 19세기 섬의 수출 경제를 책임졌고, 요즘 들어서는 요리에 활기를 더하려는 요리사들 사이에서 다시 인기를 끌고 있다.

섬 북쪽 끝에 길쭉하게 나와 있는 코르스곶은 섬에서 가장 울창한 지역으로, 이곳 숲속에서는 시트러스속 과일이 무럭무럭 자라고 있다. 바스티아 북쪽으로 한 시간 반 차를 타고 가면 나오는 바레탈리는 코르시카섬에서도 대표적인 시트러스 재배지다. 그자비에 칼리지는 이곳에 있는 코르스곶 세드라 과수원에서 지역 전통을 열심히 되살리고 있다. 그는 1.6헥타르 면적의 시트론 숲에서 직접 방문객을 맞이하며 수제 시트론 잼, 리큐어, 맥주, 미용 제품을 만든다.

바레탈리에서 40분을 이동해 섬 반대쪽으로 가면, 벼랑에 자리한 호텔 미싱쿠Hôtel Misincu를 만날 수 있다. 호텔 주변은 올리브나무와 시트러스 숲으로 둘러싸여 있다. 코르시카 차 브랜드 '칼리스띠'는 이곳의 시트러스 숲에서 영감을 받아 '미싱쿠의 비밀'이란 이름의 블렌드 티를 출시했다. 실제 호텔 영토에서 수확한 레몬으로 맛을 낸 차다. 이 자연 속 건물은 하얗게 칠한 외부 아치와 청록색

가는 방법

산이 많은 코르시카섬 내륙을
구경하려면 렌터카를 구하는 것이
가장 좋다. 아작시오에서 T20 도로를
타고 섬 중앙부를 통과해 두 시간
반을 이동하면 바스티아에 도착한다.
코르시카 철도에서 열차를 타는
것도 방법이다. 두 도시를 잇는
열차는 하루 4회 운영한다. 프랑스
본토의 마르세유, 니스, 툴롱, 또는
이탈리아 리보르노에서 페리를 타고
바스티아로 들어갈 수도 있다.

볼거리와 관광 명소

숲이 우거진 산지에서 보드라운
모래가 깔린 해변까지 반나절
만에 이동할 수 있다. 북부의
로스트리코니 해변과 로투 해변은
자연 그대로의 아름다움을 간직한
곳으로 유명하다. 주민들 사이에서
'섬 속의 섬'이라 불리는 코르스곶에도
볼거리가 풍성하다. 역사가
오래된 아담한 어촌 에르발룽가는
그림 같은 경치를 자랑한다.

묵을 곳

코르스곶에 다양한 가격대의
숙박 옵션이 존재한다. 아주 작은
규모의 게스트하우스도 무조건
이메일로 예약을 받는다. 바스티아
중심부에서 북쪽으로 20분간 차를
타야 나오는 쿠벙 데 포조는
15세기 수도원 건물로, 주인
에마뉘엘 피콩의 손을 거쳐 평화로운
게스트하우스로 재탄생했다. 이곳에서
보는 바다 경치가 압권이다.

알아두면 좋은 정보

코르시카섬은 2세기 넘도록
프랑스령에 속해 있으나, 토착
언어인 코르시카어는 공식적으로는
이탈리아어의 방언이다. 코르시카
사람들은 대부분 프랑스어를 쓰는데,
이탈리아어 말씨가 묻어난다.
학교에서는 코르시카어를 가르친다.
섬에 들어가기 전 기초 단어 정도는
알아두자. "안녕하세요"는 "봉조르누",
"부탁합니다"는 "퍼 피아체",
"고맙습니다"는 "아 링그라지아비"다.

바다가 내려다보이는 경치를 자랑한다. 호텔을 설계한 런던 출신 디자이너 올림피아 조그라포스는 유목을 사용한 디테일과 생목재로 만든 대들보 등을 통해 섬의 극적인 자연을 실내에 그대로 옮겨왔다. 프라이빗 객실마다 화산암 풀장도 딸려 있다. '땅에서 식탁까지'라는 슬로건을 내건 식당으로 유명한 트라 디 노이Tra di Noi는 시트러스를 비롯해 호텔 미싱쿠 정원에서 나는 재료를 요리로 차려낸다.

남쪽으로 30분 거리에 있는 쿠벙 데 포조Couvent de Pozzo는 15세기 카푸친 수도승들이 살던 수도원이었으며, 프랑스혁명 후로는 이곳의 주인인 에마뉘엘 피콩의 조상들이 기거하던 저택이었다. 10년 전 피콩 가문은 이 건물을 개방했다. 현재는 게스트하우스가 된 석조 저택 내부에는 피콩 가문이 수 세기 동안 사용하던 가구가 그대로 남아 있다. 호텔 미싱쿠처럼 이곳 역시 레몬, 만다린, 클레멘타인 숲과 각종 채소, 과일, 올리브나무가 심긴 농원에 둘러싸여 있다. 에마뉘엘 피콩의 고조부는 18세기 중엽 이곳에서 시트론을 재배하기 시작했다. 오늘날 에마뉘엘은 직접 투숙객들에게 시트론 마멀레이드와 콩피를 대접한다. 시트러스는 다른 요리에도 곧잘 곁들여진다. 조식 메뉴에는 갓 짜낸 오렌지주스가 나오고, 코르시카 전통 치즈케이크인 피아돈에는 강렬한 맛의 레몬 껍질이 쓰인다. 주방에 가면 언제든 갓 수확한 레몬 바구니를 볼 수 있다. 에마뉘엘은 이렇게 말

한다. "코르시카 음식은 정말이지 농부의 음식이에요. 모두가 정원에 시트러스 나무를 키우고 주변에서 재료를 구해요."

코르시카섬 요리사들은 섬의 풍부한 재료를 독창적으로 활용한다. 바스티아 동쪽으로 30분 차를 몰고 가면 나오는 리베르탈리아 비스트로 트로피컬Libertalia Bistro Tropical은 푸르른 숲을 배경으로 바비큐와 맥주를 판다. 피에르-프랑수아 마에스트라치가 운영하는 이 식당의 대표 메뉴는 수제 생맥주와 레모네이드이다. 근처 생플로랑으로 가면 부두 앞 식당 마티스Mathys가 나온다. 테라스에 앉아 현지에서 수확한 레몬으로 만든 소스를 곁들인 생선 요리를 맛볼 수 있다.

코르시카섬에 1872년 문을 연 양조장 L. N. 마테이L. N. Mattei는 '세드라틴'이라는 식전주를 처음 만든 곳이다. 세드라틴은 섬세하게 조합한 허브 혼합물을 시트론과 섞어 만드는 술이다. 이 술은 바스티아 일대에 마테이가 직접 운영하는 부티크는 물론 섬 전역 술집에서 판매된다. 생플로랑의 지역 명소인 에피세리 스코토Épicerie Scotto 등 코르시카섬 특산물을 파는 식료품점에서도 구매할 수 있다. 쿠벙 데 포조의 호텔 경영자 피콩은 말한다. "우리는 입에 들어가는 모든 것을 손수 기른답니다. 섬 생활이란 섬이 주는 것들을 어떻게 활용하느냐에 달렸어요."

오른쪽

산줄리아노에 있는 시트러스 생물자원센터는 프랑스에서 손꼽히는 희귀 시트러스속 재배지다. 13헥타르 면적의 과수원에서 1000종에 달하는 시트러스속 품종이 자란다. 만다린 오렌지 품종만 해도 300종이 넘는다. 이 센터는 시트러스속 과일에만 나타나는 질병과 기후변화의 영향을 연구하기도 한다.

아래

아직 다 익지 않은 코르시카산 시트론 하나. 다 익으면 레몬처럼 노랗게 변하고 과육이 달콤해진다. 프랑스어로 '세드라'라고 불리는 시트론은 한때 코르시카섬의 번영을 책임졌다. 1년에 4만 5000메트릭톤 가까이 시트론을 수출하던 때도 있었다. 섬의 풍경 역시 시트론 재배의 영향을 받았다.

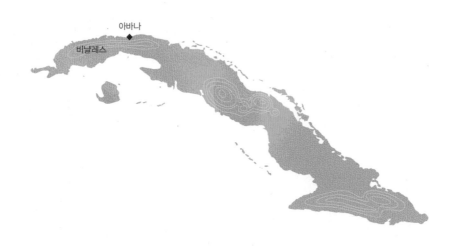

아바나

비냘레스

CUBA

푸른 비냘레스 골짜기에서 말타기하기

위치	카리브해
좌표	21.52°N, 77.78°W
면적	10만 9884제곱킬로미터
인구	1118만 1595명
주요 도시	아바나

비냘레스는 어떤 씨앗을 심어도 쑥쑥 자랄 것 같은 곳이다. 칼륨, 마그네슘, 나트륨이 풍부한 쿠바 서쪽의 토양은 채소, 과일나무 등 온갖 식물에 자양분을 공급한다. 대표 작물은 담배다. 담배 작물은 일렬종대로 서 있는 장난감 병사들처럼 25센티미터 간격으로 비냘레스를 뒤덮고 있다.

라 셀바La Selva 농장에서 담배를 재배하는 마리오는 작물을 정성껏 쓰다듬고 잎 층을 가르며 시가의 필러, 래퍼, 바인더로 쓰일 담뱃잎을 보여준다. 담배 농사를 한 지는 몇십 년이 지났는지 헷갈릴 만큼 오래되었다. 마리오의 부친은 1959년 쿠바혁명 직후에 농장을 사들였다. 골짜기에 있는 농장들이 대개 그러하듯, 마리오네 농장도 대대손손 운영한다. 바람이 불자 마리오는 잠시 말을 멈춘다. 산에 내려앉은 바람이 소나무, 참나무 사이를 훑고 간다. 그는 "구아야비타?"라며 럼을 권하다가, 뒤늦게 아직 대낮이란 사실을 깨닫고는 웃어 보인다. "술은 몸을 덥혀주거든요." 그가 말한 술은 작은 구아버 열매로 만든 럼으로, 비냘레스가 속한 피나르델리오 지역을 대표하는 주종이다. 마리오는 서두를 것 하나 없다는 태도다. 그럴 만도 하다. 머리 위 드넓은 하늘이 너무나도 푸르게 펼쳐져 있으니

까. 그는 작은 유리잔을 손에 쥐고 구아버 나무를 가리킨다. 그 나무 열매를 인근 공장으로 가져가 럼으로 만든단다.

라 셀바 농장은 가이드 하비에르를 따라 골짜기에서 말을 타고 가다 처음 멈추게 되는 장소다. 여기서 동쪽으로 세 시간을 더 이동해 아바나 외곽으로 가면 해변 선베드에 관광객들이 누워 있다. 비냘레스 여행은 대부분 아바나에서 출발한다. 버스표나 공유 택시 예약은 호텔이나 민박집 주인이 도와줄 것이다. 어느 교통편을 사용하든지 사전 예약은 필수다. 호텔과 민박집에서 환전 도움도 받을 수 있다. 아바나에서는 "체인지 머니?" 하고 넌지시 묻는 사람을 많이 만나게 된다. 유로화, 달러화, 쿠바 페소화를 사용하는 쿠바의 고물가 경제에서는 암시장 환전이 환율을 좌우한다.

비냘레스 길목에서는 풀을 뜯는 소 떼, 바나나 농장, 바람에 흔들거리는 깡마른 대왕 야자수를 흔히 만날 수 있다. 아바나에서 출발한 클래식 자동차의 덜컹거리는 소리는 이내 규칙적인 말발굽 소리에 묻힌다. 이 섬의 농부들은 말을 타거나 마차를 끌고 다닌다. 이윽고 공기가 부드러워지면서 산 윤곽이 하나둘 나타나고, 길 양쪽의 농장을 따라 붉은 흙길이 펼쳐진다. 과거 이 지역에는 사탕수수 농

가는 방법

아바나에서 비냘레스로 가는 길은 인기가 높은 여행 코스로, 가는 방법도 여러 가지다. 여러 방법 중 가장 비싼 축인 개인택시를 이용하면 두 시간 반이 걸린다. 국영 버스터미널에서 버스나 공유 택시를 타면 서너 시간이 소요되므로 당일 여행은 힘들 수 있다.

볼거리와 관광 명소

비냘레스 시내 서쪽으로 가면 모고테 피타 절벽 측면에 그려진 선사시대 모사 벽화를 만날 수 있다. 거대한 뱀, 공룡, 해양생물을 알록달록 그려놓은 이 벽화는 멕시코 화가 디에로 리베라의 추종자였던 레오비힐도 곤살레스 모리요가 1961년에 내놓은 작품이다. 총 18명이 4년에 걸쳐 작업한 끝에 완성되었다.

묵을 곳

비냘레스 시내에는 호텔 센트럴 비냘레스Hotel Central Viñales가 유일한 호텔이며, 외곽 지역에 세 개의 호텔, 로스 하스미네스Los Jasmines, 라 에르미타La Ermita, 란초 산 비센테 Rancho San Vicente가 있다. 홈스테이 형태의 게스트하우스라고 볼 수 있는 카사 파르티쿨라르는 어딜 가든 쉽게 찾아볼 수 있다. 게스트하우스 대부분이 팔라다르, 즉 테이블 수가 12개 미만인 식당을 갖추고 있다.

알아두면 좋은 정보

쿠바에 와인 산지는 없지만, 비냘레스라는 지역명은 포도덩굴이라는 뜻에서 유래했다. 19세기 스페인 식민지 개척자들은 이곳 골짜기에 포도밭을 만들어 와인을 생산하고자 했다. 열대 기후에서 와인을 생산하기 어렵다고 판단해 결국 재배 품종을 담배로 바꾸었지만, 이름은 그대로 남았다.

장이 많았다. 쿠바의 노예제도 역사를 조명한 문학작품에서는 주로 사탕수수 재배를 다루지만, 세계에서 알아주는 쿠바의 고급 담배 산업 역시 수 세기 동안 노예 노동을 착취한 결과였다.

점심 무렵, 하비에르가 일행을 팔마리토 동굴로 데려간다. 동굴 안은 배를 띄울 수 있을 만큼 넓다. 주민 몇몇은 입구에서 진을 치고 있다가 칠흑처럼 어두운 동굴 안에 조명을 켜고 관광객에게 해설을 제공하는 대가로 300페소를 벌어간다. 습한 동굴 속 암석은 마치 작은 유성우가 쏟아져 생긴 듯한 모양을 하고 있다. 칼슘과 탄소로 이뤄진 샹들리에 모양의 종유석은 반짝반짝 빛을 내며 조금씩 물방울을 떨어뜨린다. 오랜 세월 모인 물방울은 연못이 되었고, 그 중 한 곳은 매우 넓어서 헤엄도 칠 수 있을 것처럼 보인다. 물론, 얼음장 같은 물이 무섭지 않다면.

여섯 시간 내리 말을 타다 보면 허기도 지거니와 몸이 슬슬 쑤시기 시작한다. 코라존 델 바예Corazón del Valle는 하비에르 투어의 반가운 종착점이다. '팜투테이블Farm-to-table'을 표방하는 이 식당은 이름 뜻 그대로 골짜기 중심에 자리를 잡았다. 가장 먼저 나오는 음식은 신선한 코코넛 워터, 럼, 꿀을 섞은 칵테일이다. 1000페소를 내고 시킨 오늘의 세트 메뉴는 갈릭 살사, 토마토, 양파, 후추를 곁들

인 치킨과 유카 튀김, 그리고 모로스와 크리스티아노스, 즉 검은콩과 쌀밥이다. 사이드로 토마토와 양배추샐러드, 얇게 썬 바나나 칩도 맛볼 수 있다.

농지를 통과해 비냘레스 시내 중심부로 가는 길, 하비에르가 비옥한 평지에서 자라는 식물을 소개해준다. 유카, 파파야, 토마토, 고구마, 커피콩, 패션프루트, 토란, 구아버, 바나나, 플랜틴 바나나, 파인애플, 마늘, 상추, 코코넛, 옥수수, 콩, 심지어 쌀까지 자라고 있다. 지역의 농법은 느리지만 친환경적이다. 공업 장비와 첨가물을 쓰는 북미식과는 확연히 다르다. 굳이 스티커 라벨로 방목해 길렀다는 걸 알릴 필요도 없다. 여기서는 그게 당연한 일이기 때문이다.

비냘레스의 소박한 도심에서는 연분홍과 파스텔 민트 색깔의 건물들이 관광객을 환대한다. 카사 파르티쿨라르, 즉 홈스테이는 주로 도심에 몰려 있기는 하지만, 골짜기 전역에도 퍼져 있다. 홈스테이 가족들은 유기농 요리를 내오고, 정원에서 갓 딴 레몬, 스피어민트, 꿀을 곁들인 모히토를 대접한다. 집주인이 공식적으로 홈스테이 운영 허가를 받은 집은 작은 파란색과 흰색 간판을 달고 있다. 문을 두드린 집에 마침 공실이 있다면, 쿠바식 손님 접대의 정석대로 커피 또는 칵테일을 대접받게 될 것이다.

아래

비냘레스 골짜기를 관광할 때는 주로 말을 타고 이동한다. 하이킹하기에는 땅이 너무 질기 때문이다. 관광은 네 시간 정도 소요되며, 담배 농장을 방문한 뒤 자연 호수에서 휴식하다 근처 농가에서 점심을 먹는 코스로 구성된다. 관광 시에는 긴 바지와 앞이 막힌 신발을 착용하길 권한다. 벌레 기피제와 자외선 차단제도 챙기는 게 좋다.

맞은편

비냘레스 골짜기의 매력적인 모고테 언덕은 카르스트 지형의 대표 주자로 유명하다. 눈길을 사로잡는 돔 모양의 석회암 언덕은 높게는 300미터까지 솟는다. 이 흔치 않은 암석 덕분에 비냘레스 골짜기는 암벽 등반의 성지가 되었다. 볼트가 설치된 암벽 등반 루트가 이 일대에만 250개 이상이다.

위

아바나의 23번 애비뉴에서 승객을 갈아 태우고 있는 공유 택시. 현지어로 '알멘드론스', '콜렉티보스'라 불리는 공유 택시는 고정된 시내 노선을 오가므로 승객들이 알아서 타고 내리면 된다. 아바나의 공유 택시는 상당수가 1950년대산 화려한 자동차로, 창문에 택시 간판을 달고 있다. 가격은 꼭 탑승 전에 확인하자.

다음 장

아바나의 콜론 묘지를 거니는 관광객들. 콜론 묘지는 국립 기념물이자 아메리카 대륙에서 손꼽히게 큰 공동묘지 중 하나다. 총 500개가 넘는 묘가 안장되었는데, 스타일은 르네상스부터 신고전주의, 아르데코풍까지 다양하다. 묘지 입구에서 쿠바 출신 화가, 정치인, 작가, 과학자, 혁명가의 무덤 위치가 표시된 지도를 살 수 있다.

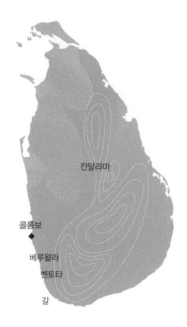

칸달라마

콜롬보

베루왈라
벤토타
갈

SRI LANKA

제프리 바와의 콜롬보로 떠나는 여행

위치	인도양
좌표	6.92°N, 79.86°E
면적	6만 5610제곱킬로미터
인구	2192만 명
주요 도시	콜롬보

작고한 스리랑카 건축가 제프리 바와의 콜롬보 저택에 진입하려면 차고를 통해야 한다. 불투명한 양판문에는 바와의 친구 라키 세나나야케가 새겨 넣은 태양 문장이 있다. 문을 열면 바와의 1934년산 롤스로이스와 빈티지 메르세데스가 차고 안에 전시되어 있다.

33번 골목길 11호의 이 저택에 발을 들여놓는 순간, 쉼 없이 울리는 자동차 경적과 카페 손님들의 수다 소리로 부산한 바깥 도시의 소음이 완전히 차단된다. 햇빛이 내리쬐는 길고 하얀 회랑을 따라 걸으면 바와의 개인 공간이 나온다. 바로 보이는 뜰에 고요한 연못이 하나 있는데, 남인도에서 온 체티나드풍 조각 기둥이 그 주위를 둘러싸고 있다.

바와는 일명 '트로피컬 모더니즘'이라고 불리는 스타일의 선구자다. 남아시아에서 왕성히 활동하던 건축가로, 실내외 공간을 혼합하는 건축 기법으로 정평이 났다. 1982년 바와가 건축, 순수미술, 생태학 발전을 위해 설립한 비영리기관인 제프리 바와 트러스트Geoffrey Bawa Trust의 큐레이터 샤야리 데 실바는 그의 건축에 대해 이렇게 평가한다. "바와의 건물에는 역사가 아주 다양한 방식으로 켜켜이 쌓여 있습니다. 실내외 공간이 하나로 어우러져 풍경을 이루고, 미

술작품도 자주 등장하죠." 바와는 디자인과 시각예술을 융합했고, 토착 재료와 주택 양식을 곧잘 활용했다. 실바가 덧붙인다. "바와의 작품에서 어김없이 보이는 특징이죠."

바와 저택 내부에는 세나나야케가 만든 양판문처럼 그의 친구들이 선물한 미술작품과 골동품이 곳곳에 놓여 있다. 바틱 염색 예술가 에나 데 실바가 만든 리넨 천도 이곳저곳을 꾸미고 있다. 실바는 말한다. "이 공간의 사물은 모두 스리랑카 역사의 증거입니다. 지역 공동체와 시대를 상징하는 문화 그 자체랄까요."

45분으로 구성된 11호 투어는 바와 저택을 소개하는 간략한 다큐멘터리 시청으로 시작된다. 이후로는 가이드와 함께 저택을 둘러본다. 저택은 바와가 수년에 걸쳐 구입하고 건축한 방갈로 네 채를 일렬로 이어놓은 것이다. 바와는 첫 방갈로를 허문 뒤 그 자리에 4층짜리 건물을 증축했다. 하얀 곡선 계단이 각 층을 연결한다. 1층에는 작지만 아늑한 손님방 두 칸과 공용 화장실이 있다. 미술과 건축 애호가들이라면 예약을 통해 이곳에 머물러도 좋다. 3층의 지붕이 덮인 로지아를 지나면 바깥과 이어진 시멘트 테라스에서 고층 건물이 즐비한 도시 경치를 한눈에 조망할 수 있다.

가는 방법

11호 저택과 데 사람 하우스는 콜롬보 중심부에 있으며, 도보나 삼륜차 '툭툭'으로 이동할 수 있다. 스리랑카 수도 바깥에 있는 바와의 건축물을 구경하려면 자동차나 모터 달린 자전거를 대여해보자. 벤토타에 가려면 남부 고속도로를 따라 한 시간 반 차를 몰아야 한다.

볼거리와 관광 명소

콜롬보를 관광할 때는 11호 투어로 시작해 데 사람 하우스와 파라다이스 로드를 구경하는 일정을 추천한다. 갤러리 카페The Gallery Café에 들러 점심으로 흑돼지 커리를 먹는 것도 좋은 생각이다. 갤러리 카페는 바와의 작업실이었다가 지금은 스리랑카 퓨전 식당이 된 곳이다. 바와가 설계한 벤토타 기차역도 방문해보자.

묵을 곳

제프리 바와 트러스트를 통해 11호 방문을 예약할 수 있다. 루누강가에서 숙박하려면 루누강가 트러스트Lunuganga Trust를 통해 예약해야 한다. 5성 호텔 시나몬 벤토타 비치 호텔 또한 바와의 작품을 가까이에서 보기에 좋은 공간이다. 콜롬보에는 그 밖에도 숙박 시설이 많다.

알아두면 좋은 정보

바와의 친형 베비스 바와는 조경사였다. 1929년 베비스는 베루왈라 시골집에서 브리프 가든 Brief Garden을 직접 설계하기 시작했다. 8헥타르 규모의 이 정원은 루누강가에서 17킬로미터를 가면 만날 수 있다. 덩굴로 뒤덮인 담벼락과 아름다운 식물, 조각상, 푸르른 아치 길을 자랑한다.

바와의 개인 공간은 사진 촬영을 금지하고 있지만, 야자나무가 바스락거리고 빗물이 똑똑 떨어지는 라운지 뜰을 구경하는 것은 가능하다. 커다란 푸루메리아나무 쪽을 향해 있는 안방도 개방되었다. 데 실바에 따르면, 바와의 디자인은 안과 바깥 공간이 자연스레 어우러지는 스리랑카의 건축 방식을 그대로 체현한다.

바와는 2003년 작고하기 전까지 스리랑카에서 개인 주택, 호텔, 공공건물 여러 채를 설계했다. 스리랑카 국회 건물도 바와의 작품이다. 바와 저택에서 3킬로미터 떨어진 워드 플레이스의 데 사람 하우스De Saram House는 바와가 1986년 유명 피아니스트 드루비 데 사람과 그의 가족을 위해 개조한 건물로, 이후 제프리 바와 트러스트 측이 매입했다.

콜롬보에서 102킬로미터 떨어진 남부의 작은 마을 벤토타에도 바와의 작품이 있다. 1960년대 말 해변과 벤타라강 중간 지점에 세워져 복원 작업을 마친 시나몬 벤토타 비치 호텔Cinnamon Bentota Beach hotel이 그중 하나다. 바와가 설계한 여느 건물들처럼, 이 호텔 역시 푸르른 자연광이 환히 비치는 구조로 안팎 공간이 하나로 조화를 이룬다. 에나 데 실바가 만든 화려한 바틱 천장도 놓치면 아쉬운 볼거리다.

벤토타에 남아 있는 바와의 작품 중에 가장 혁신적이고 상징적이라 할 수 있는 건물은 그의 별장 루누강가Lunanga다. 1948년, 바와는 데두와 호숫가의 나무에 둘러싸인 5헥타르 면적의 땅을 매입해 무려 50년에 걸쳐 천천히 별장을 지었다. 건물 공간은 그의 사후부터 그대로 보존되었다. 방문객은 예약을 통해 다섯 개 스위트룸에 묵을 수 있다.

저택 입구에서 가파른 길을 오르면 메인 방갈로가 나오고, 낭만적이고 마법 같은 정원이 한눈에 담긴다. 방갈로 베란다에서 보이는 잔디밭은 시나몬 언덕으로 이어진다. 아래에 커다란 중국 항아리가 놓인 스페인 체리나무를 지나면 호숫가가 나타난다. 바와는 정원을 따로 돌보지 않았다. 그의 정원은 그저 주변 풍경에 섞여 이리저리 펼쳐진 단정한 정글 같다.

수련이 피어난 연못과 열대 푸루메리아나무의 호위를 받는 아리따운 논밭 사이, 햇살이 땅에 얼룩을 드리운다. 새가 지저귀고 잎사귀가 바삭거리는 루누강가 정원에서, 바와의 영혼은 잔잔하게 모습을 드러낸다.

위 왼쪽

풀이 무성하고 관리된 흔적이 거의 없는 루누강가 정원. 고대 그리스·로마식의 조각상이 하나 놓여 있다. 바와는 특별한 계획을 세워 정원을 가꾸는 대신 영국식 조경부터 이탈리아 르네상스풍 정원, 고대 스리랑카 수생 정원 등에서 이런저런 스타일 요소를 빌려왔다. 입장료를 내면 하루 3회 가이드가 동행하는 정원 투어에 참가할 수 있다. 미리 추가 요금을 내면 정원에서 점심이나 애프터눈 티도 즐길 수 있다.

맞은편

스리랑카 건축가 제프리 바와의 별장이었던 루누강가는 현재 부티크 게스트하우스로 운영되고 있으며, 예약을 통해 다섯 개 스위트룸에 머무를 수 있다. 대부분 재활용 재료를 활용해 만든 2층 구조의 가든 룸은 별장의 상징과도 같은 열대 정원을 바라보고 있다.

맞은편

루누강가의 직원 비사나 아라쉬치게 로하나. 스리랑카가 유명 관광지로 떠오른 1960년대에 바와는 고급 호텔을 여러 채 설계해 동남아 리조트의 새로운 기준을 세웠다. 섬 서부 해안에 있는 아훈갈라의 트리톤 호텔Triton Hotel, 갈의 해변 호텔 라이트하우스 Lighthouse, 스리랑카 중부 담불라 산비탈에 있는 칸달라마 호텔Kandalama Hotel이 대표적이다.

다음 장 오른쪽

바와의 개인 저택은 3층짜리 빌라로, 11호라고 불린다. 정찬 테이블은 에폭시를 칠한 평판으로 만든 것이고, 에로 사리넨이 제작한 튤립 의자들이 주변에 놓였다. 벽면에는 레닌의 다리를 그린 포스터 등이 걸려 있다.

맞은편

11호 화단의 작은 지붕 틈새로 햇살이 쏟아지고 있다. 바와는 트로피컬 모더니즘의 선구자였다. 트로피컬 모더니즘은 스리랑카의 풀이 우거진 자연환경을 실내 공간과 접목한 건축 스타일을 일컫는 말이다. 바와의 집에서는 어디서든 녹지가 눈에 들어온다. 그의 침실에서는 가로로 열리는 문밖으로 푸루메리아나무가 한눈에 들어온다.

아래

33번 골목길에 있는 바와 저택은 바와가 수년에 걸쳐 구입하고 건축한 작은 방갈로 네 채로 이뤄졌다. 이 미로 같은 공간은 그가 아끼던 사물과 예술 작품으로 채워졌다. 단연 눈길을 사로잡는 것은 예술가 에나 데 실바의 바틱 작품과 리텐 마줌다르의 직물 작품이다.

툰바투섬

잔지바르시티

스톤타운

키짐카지

ZANZIBAR

이야기가 담긴 스톤타운 문을 지나며

위치	인도양
좌표	6.13°S, 39.36°E
면적	2462제곱킬로미터
인구	150만 3569명
주요 도시	잔지바르시티

잔지바르는 모든 게 구불구불하다. 그래서 매력적이다. 힌두교 사원, 옛 페르시아 목욕탕, 식민지 시대 건물, 산호색 석조 저택, 낡아 부서진 궁전이 여기저기 흩어져 있는 스톤타운 지구는 언뜻 어수선해 보이지만, 건물마다 섬에 먼저 다녀갔던 사람들의 사연을 고요하게 품고 있다. 잔지바르섬은 현지어로 '웅구자'라고 부른다. 이곳은 1년 내내 화창한 날씨와 믿기지 않을 만큼 맑은 청록색 바다, 곱고 하얀 모래사장으로 유명하다. 문화보다 자연을 즐기려는 신혼부부가 특히 많이 찾는다. 그러나 현지 가이드 알리 제이프는 다음과 같이 말한다. "이곳의 특별함을 잘 모르는 관광객이 허다해요. 스톤타운은 2000년 넘게 문화 융합과 조화를 이뤄온 덕에 유네스코 세계유산으로 지정됐답니다. 건축과 도시 구조도 한몫했고요."

잔지바르섬에 처음 정착한 사람들은 수백만 년 전 아프리카 본토에서 이주해온 이들이다. 그리고 10세기경 시라지 사람, 15세기 포르투갈 식민지 개척자, 17세기 말 오만 사람들이 차례로 섬에 정착했다. 이윽고 잔지바르섬은 무역 중심지로 발달했다. 다른 아프리카 땅에서 잡힌 노예들이 스톤타운에 실려와 다시 다른 곳으로 팔려 가기도 했다. 인도와 유럽 상인들도 섬에 들어와 1890년 잔지바르섬이 영국 보호령이 될 때까지 머물렀다. 섬은 1963년까지 영국 지배하에 있었다. 그러다 1964년 혁명으로 옛 나라 탕가니카와 합쳐져 오늘날의 탄자니아가 되었다.

요즘도 스톤타운에는 교회 첨탑 너머로 퍼지는 기도 소리와 아랍 전통 배에 달린 삼각돛부터 어딜 가나 보이는 오만 전통의 쿠마 모자, 따뜻한 스와힐리식 우루조 스튜, 골목 여기저기에 모여 동아프리카 전통 게임 '바오'를 즐기는 주민들의 모습까지 과거의 문화 흔적이 곳곳에 남아 있다. 스톤타운의 건물을 장식한 태피스트리도 눈에 띈다. 위층에 설치된 장미목 발코니는 이곳 건물의 대표적인 특징이다. 사방이 막힌 형태로 정교하게 조각된 이 발코니는 인도 문화의 영향으로, 19세기 가정주부들이 사람들의 시선을 피해 상쾌한 공기를 쐬는 공간이었다. 미진가니 로드에 있는 역사적 건물인 페퍼민트 빛깔의 올드 디스펜서리Old Dispensary 또한 걸작이다. 이렇게 멋진 건축물 덕분에 스톤타운은 마치 하나의 야외 박물관 같다. 현지 주민들은 각 건물이 세월과 날씨의 영향, 관리 소홀로 점점 낡고 있어 불안해하지만, 관광객들은 오히려 그런 점에서 낭만을 발견한다.

아베이드 아마니 카루메
국제공항에서 비행기를 타거나,
다르에스살람에 있는 잔지바르
페리 터미널에서 아잠 마린Azam
Marine이나 킬리만자로Kilimanjaro
쾌속선을 타고 웅구자섬으로
들어갈 수 있다. 배는 하루에
4회 운항하며 두 시간 정도 걸린다.
사전 예약은 필수다. 섬에 도착하고
나면 택시를 타고 스톤타운에
간 뒤 도보로 이동하면 된다.

볼거리와 관광 명소
잔지바르의 식민지 과거를 상징하는
성공회 대성당은 세계 최후의
공개 노예 시장 자리에 세워졌다.
반나절을 이동해 과거 격리소였던
프리즌 아일랜드Prison Island에
가면 스노클링과 일광욕을 즐길 수
있다. 시각장애인과 청각장애인이
마사지사로 일하는 므렘보 스파
Mrembo Spa에 들러 뭉친 근육을
푸는 일정도 추천한다.

묵을 곳
이층 침대 구조의 값싼 숙소부터
해변 고급 리조트까지 선택지는
다양하지만, 스톤타운에 있는
분위기 좋은 부티크 호텔을 특히
추천한다. 옛 상인 저택을 멋스럽게
재단장한 에머슨 스파이스Emerson
Spice는 투숙객 후기도 아주
긍정적이다. 뭄바이 건축회사
케이스 디자인이 설계한 키지쿨라
Kizikula 게스트하우스는 산호석회암
건물로, 해안을 따라 세워졌다.

알아두면 좋은 정보
잔지바르 우기는 3월부터
5월까지다. 바닷가에서 휴가를 즐길
생각이라면 이 기간에는 여행을
가지 않는 편이 낫다. 11월과
12월 중에도 짧게 우기가 이어지지만,
봄 우기만큼 강수량이 많지는 않다.
겨울에는 호우가 쏟아지다가도
금세 하늘이 푸르게 갠다.

섬이라는 지형도 이곳의 건축에 영향을 주었다. 제이프는 이렇게 설명한다. "건물의 디테일마다 숨겨진 의미가 있습니다. 산호석을 건축 재료로 쓴 것은 습기를 잘 흡수하기 때문이에요. 집들이 오밀조밀 모여 있는 이유는 바닷바람이 동네를 잘 순환해야 하기 때문이고요. 높은 건물은 거리에 그늘을 드리웁니다."

건축 요소 중에서도 가장 인상 깊은 것은 거대하고 화려한 잔지바르 조각문이다. 18세기와 19세기 조각문 중에 지금까지 살아남은 유물은 몇백 점뿐인데, 대부분이 스톤타운에 남아 있다. 일부는 해외 수집가들에게 팔렸고 다른 일부는 그라피티를 덧입었거나 햇볕에 바래 본모습을 잃었지만, 나머지는 섬 곳곳에서 흔히 볼 수 있다. 어느 길로 들어서건 조각문을 하나쯤은 보게 되는데, 보는 순간 자기도 모르게 멈춰 서서 관찰하게 된다. 이 예술 작품들은 말없이 이야기를 품은 채 원래 주인들의 출신지, 직업, 종교, 사회적 지위를 알려준다.

조각문 제작의 가장 중요한 목적은 다름 아닌 과시였다. 권력가들은 부와 권세를 자랑하고자 문을 맞춤 제작했다. 스톤타운 보존개발청장을 지낸 므왈림 알리 므왈림에 따르면, 조각문은 크게 두 종류로 나뉜다. '구자라티'라고도 부르는 인도 양식 조각문은 격자무늬 패널과 접이식 덧문이 특징이며, 북적이는 상점가에서 흔히 볼 수 있다. 아랍 양식은 정교하게 꾸며진 틀과 상단에 새겨진 코란 문장으로 구분한다. 문에 박힌 날카로운 황동 못은 그것으로 전투 코

끼리를 물리쳤던 인도 문화의 영향이다. 잔지바르 조각문은 상징주의에 뿌리를 두고 있다. 장미, 연, 물고기 등이 반복적인 모티프로 등장하며 저마다 다양하게 해석된다. 문틀에 사슬이 그려져 있으면 집주인이 노예상임을 가리킨다는 주장도 있으나, 제이프에 따르면 악령을 몰아내려는 의미라고 한다.

스톤타운의 조각문은 모두 보존개발청이 보호하고 관리한다. 므왈림에 따르면, 새로 문을 제작해 짓는 거래도 활발하다고 한다. "조각문 수출을 통제한다는 소문이 있는데, 그건 과거에 횡행했던 반달리즘 때문이었어요. 조각문을 집에서 떼어내 골동품으로 파는 사람들이 있었거든요." 섬 목수들은 키딤니 마을에 모여 살며 후대 목수를 양성하고 판매용 조각문을 제작한다.

이 무거운 예술 작품을 집으로 가져갈 엄두가 나지 않는다면, 사시크Sasik, 모토Moto, 캡틴 수버니어Captain Souvenirs 등에서 윤리적으로 유통되는 기념품을 사는 것도 좋은 방법이다. 어둠의 경로로 거래되곤 하는 팅가팅가 그림은 잔지바르섬과 무관하며 품질도 보장할 수 없다고 제이프는 경고한다. 올드 포트에 있는 문화예술 갤러리에 들러 현지 미술가들이 경매로 내놓은 작품을 사는 것도 추천한다. 마침 이곳은 포로다니 정원과 마주 보고 있는데, 밤이 되면 활기 넘치는 야시장이 선다. 다라자니 시장에 들러 육두구, 정향, 시나몬 등 멋진 향신료를 파는 가판대를 구경하며 스톤타운 여행을 마무리하는 것도 좋겠다. 발이 이끄는 대로 다녀보자.

이전 장 왼쪽

스톤타운에서는 석양이 질 무렵이면 일종의 의식처럼 바다로 뛰어드는 주민들을 볼 수 있다. 포로다니 정원 근처로 가면 생선 꼬치, 칠리 소금을 뿌린 망고 슬라이스 등 길거리 음식을 파는 바닷가 야시장이 있으니 거기서 먹거리를 산 뒤 바다로 뛰어드는 주민들의 모습을 감상하길 추천한다.

맞은편

'응고메 콩그웨'라고도 불리는 스톤타운의 올드 포트는 오만 식민지 개척자들이 1699년에 세운 요새로, 섬에서 가장 오래된 건축물이다. 요즘은 옛 터를 따라 수제 공예품을 파는 시장이 선다. 이곳 원형 극장에서는 잔지바르 국제영화제 등 각종 문화 행사가 열린다.

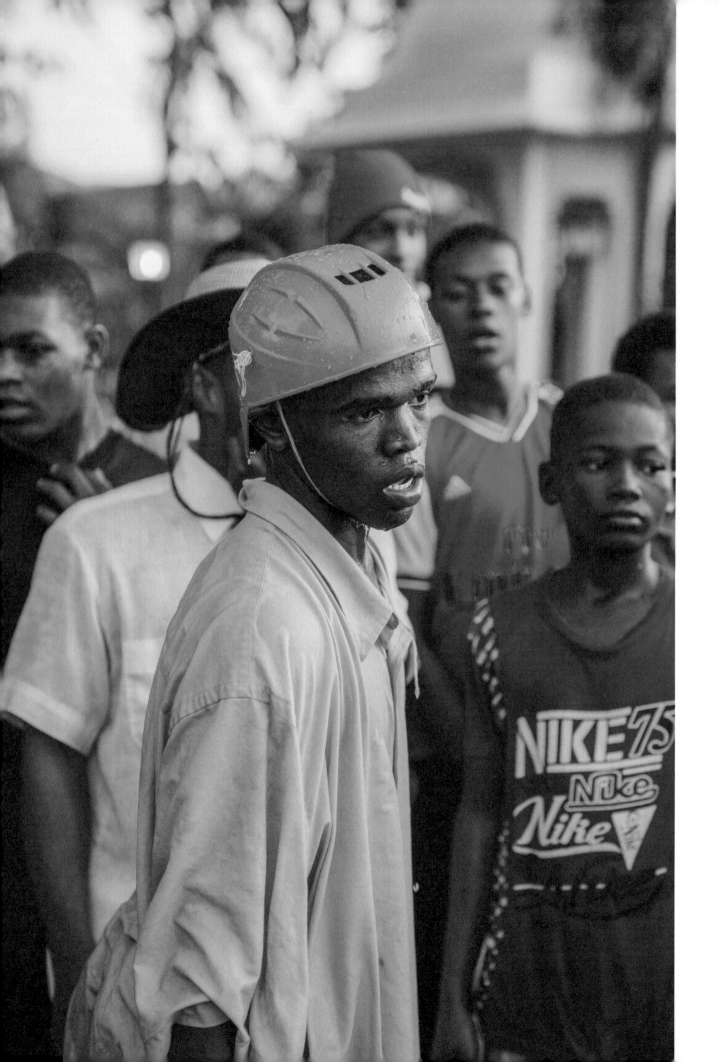

몬테고베이

니그릴

블루 산맥

포트안토니오

원숭이섬

킹스턴

보스턴 해변

JAMAICA

포트안토니오의 소박한 매력

위치	카리브해
좌표	18.11°N, 77.29°W
면적	1만 991제곱킬로미터
인구	272만 6667명
주요 도시	킹스턴

자메이카의 도시 포트안토니오에서는 도회지의 소음이 잔잔해진다. 평일 중 바쁜 시간을 제외하면 파도가 철썩이는 소리만이 일상의 박자를 기록하는 메트로놈이 된다. 자메이카 북동부 해안에 자리한 포틀랜드구의 행정 중심지 포트안토니오는 주민들 표현에 따르면 '컨트리' 그 자체를 상징하는 곳이다. 딱히 작은 마을이나 시골이란 뜻은 아니다. 이곳에서의 시간은 마치 컨트리와 같은 속도로 흘러간다는 의미다.

도시 곳곳에는 이 해안가에서 살았던 사람들의 흔적이 숨어 있다. 바다를 바라보는 절벽 비탈에 남아 있는 조지 요새는 1729년 영국 사람들이 지은 것이다. 혹시 모를 스페인군의 침략을 막고 영국으로부터 자주권을 되찾으려 항쟁했던 노예 공동체 '머룬'의 공격에 대비하기 위해 세운 요새다.

머룬 후손들은 지금도 선조의 문화를 기린다. 머룬 지도자로 명성을 떨쳤던 퀸 내니는 자메이카 500달러 지폐에 얼굴이 실렸다. 머룬 정착지였던 무어타운은 포트안토니오에서 차로 이동이 가능하다. 블루 산맥 고지에까지 정착지가 있었다는 것은 의미하는 바가 크다. 머룬 공동체는 그만큼 자주권과 자결권을 지키는 데 필사

적이었다.

포트안토니오에서 관광업에 종사하는 던클리는 말한다. "머룬 사람들에 관한 이야기는 일상 대화에서도 종종 등장한답니다. 우리는 그들의 '더피'가 얼마나 강인한지 이야기하곤 해요. 길을 걷다가 발을 삐끗해 넘어질 뻔한 사람을 발견하면, '당신 곁에 머룬의 더피가 있군요!' 하고 말하죠." 이 말은 카리브해 민속 신앙에서 유래했다. 더피는 자메이카 말로 영혼을 뜻한다. 즉 사람들이 삐끗해 넘어지는 건 근처에 있던 머룬의 넋 때문이란 것이다.

머룬은 일상 대화 밖에서도 존재감을 발휘한다. 자메이카를 대표하는 저크 요리 또한 머룬 전통과 관련이 있다. 살아남기 위해 산지대에 터를 잡은 머룬은 영국군에게 연기를 들키지 않기 위해 땅에 구덩이를 파 불을 피우는 독특한 요리법을 개발했다. 오래전 아프리카에서 노예로 잡혀 온 사람들이 이 요리법을 섬에 들여왔다거나, 자메이카 토착민 아라와크족과 타이노족의 요리법을 변형한 것이라는 말도 있지만, 이후 이 방식은 산 아래로 내려와 오늘날 저크 요리의 중심지로 통하는 보스턴 해변 마을까지 퍼졌다.

오늘날 저크 요리는 개조한 석유통을 활용해 만든다. 다만 느린

가는 방법

포트안토니오로 가장 편리하게 가는 방법은 킹스턴행 비행기를 탄 뒤 북동쪽으로 차를 몰고 이동하거나 넛츠포드 익스프레스Knutsford Express 버스를 타는 것이다. 포트안토니오 시내에는 신호등이 없고 주차 공간도 거의 없어서 목적지까지 걸어서 이동하는 편이 훨씬 편리하다. 게다가 눈도 더 즐겁다. 야간에 여행할 때는 택시를 타자.

볼거리와 관광 명소

자메이카에서 가장 큰 강인 리오그란데강은 포트안토니오를 관통한다. 강을 따라 이동하는 대나무 래프팅은 대표적인 레저 활동이다. 아름다운 경치로 유명한 블루 석호에 가면 보트 투어를 할 수 있다. 시내 중심가의 대규모 공예품 시장은 손으로 깎은 조각상과 보석 따위를 판다. 근처 술집에서 시원한 음료도 마실 수 있다.

묵을 곳

포트안토니오에는 자메이카 팰리스 호텔Jamaica Palace Hotel, 카노피 하우스Kanopi House, 지잼 호텔 Geejam Hotel 등 다양한 부티크 호텔과 고급 호텔이 있다. 특히 지잼 호텔은 프라이빗 녹음 스튜디오를 운영하기도 하는데, 비요크 등 유명 뮤지션이 여럿 다녀갔다고 한다. 진짜 현지 분위기를 느낄 수 있는 게스트하우스도 있다. 중심부에 자리한 인더타운Inn the Town 은 얼마 전 새롭게 개조를 마쳤다.

알아두면 좋은 정보

자메이카는 27개 작은 섬들로 이뤄진 제도 국가로, 원숭이섬으로 불리는 펠루섬도 그중 하나다. 썰물에는 수위가 낮아져 포트안토니오 해안에서 원숭이섬까지 걸어서 이동할 수 있다. 다만 바닥에 성게가 깔려 있을 수 있으니 맨발로 걸을 때는 조심해야 한다.

요리 방식은 그대로다. 던클리는 다음과 같이 말한다. "보스턴 해변에 가면 저크 요리를 파는 곳이 아주 많아요. 치킨 저크, 포크 저크, 뭐든 먹고 싶은 걸 시키면 되지요. 다만 패스트푸드가 아니니 기다림은 필수랍니다." 갓 잡은 해산물을 먹고 싶다면 보스턴 해변 인근 페어리힐에 있는 골드 티스 저크 센터Gold Teeth Jerk Center에서 실컷 즐길 수 있다.

피기스 저크 센터Piggy's Jerk Center에 가면 풍미 좋은 닭발 수프를 맛볼 수 있다. 이 센터 주인의 아들인 피글렛이 냉압착 주스와 달콤한 튀김만두를 함께 내올 것이다. 저크 포크Jerk Pork 가판대에서는 전통 요리법을 그대로 따른 야생 수퇘지 저크를 판매한다. 브리지 스트리트에 있는 미스 딕슨Miss Dixon에서는 비건 음식을 맛볼 수 있다. 어딜 가든 킹스턴이나 몬테고베이 같은 유명 관광지의 부산한 분위기와는 거리가 멀다. 포트안토니오에서는 느긋하게 음식을 기다릴 줄 알아야 한다.

현지 분위기를 잠시 체험하고 싶다면 에롤 플린 정박지를 추천한다. 더운 공기 사이로 레게와 댄스홀 음악을 흘려보내는 술집이 줄지어 있다. 부둣가에는 아이들이 모여 논다. 기자다 페이스트리, 구운 땅콩, 코코넛 음료 따위를 파는 노점상도 만날 수 있다. 술도 깰 겸 포트안토니오에서 지대가 가장 높은 티치필드 반도까지 걸어 올

라 자메이카 27개 섬 중 하나인 원숭이섬을 내려다보는 것도 좋다.

원숭이섬은 1900년대 초엽에 고고학자이자 티파니앤코의 상속자 애니 티파니의 사위였던 자가 원숭이들을 데려와 사육하던 섬이었다. 인근의 폴리포인트에 가면 허물어진 폴리 저택 유적이 나온다. 한때 티파니 가문은 이 섬에다 객실 60개짜리 로마풍 빌라를 지으려 했다. 이제는 저택의 뼈대만이 남아 과거 자메이카에 살던 외국인 부자의 변덕을 적나라하게 보여줄 뿐이다.

세인트조지 시내에 자리한 로열 몰 빌리지Royal Mall Village는 주민들 사이에서 '파미'라고도 불리는 쇼핑센터인데, 역시나 국외 거주자의 취향이 반영됐다. 작고한 독일 디자이너인 지기 폰 슈테파니 파미 남작 부인이 만든 이 건물은 유럽 건축 양식이 마구 뒤섞인 모습이다. 조지안 건축 양식부터 튜더, 아르데코, 고딕 양식까지 혼재한 쇼핑몰의 모습은 지역의 분위기를 어느 정도 상징한다고 볼 수 있다.

수 세기 동안 외국인들은 자기들 입맛에 맞춰 이곳의 삶을 주무르려 했다. 물론 주민들도 가만히 지켜보지만은 않았다. 포트안토니오 사람들은 때로 무력에 의한 것이라도 자신 앞에 닥친 것들에 기꺼이 대항할 줄 아는 사람들이니 말이다.

위, 맞은편

솔져 캠프Soldier Camp의 주방(위 사진).
20개 남짓한 자리가 마련된 이 식당은
포트안토니오에서 가장 맛있는 커리
를 판매한다. 밥 또는 빵을 곁들여 먹
는 코코넛 새우 커리를 추천한다. 보스
턴 해변에 가면 저크 식당이 아주 많
은데, 맞은편 사진의 리틀 데이비드스
저크 센터Little David's Jerk Centre가
특히 유명하다. 대표 메뉴인 저크 치킨
소시지를 사서 해변 소풍을 떠나도 좋
다. 해변 출입은 유료다.

다음 장 왼쪽

에롤 플린 정박지에서 바라본 석양 풍
경. 포트안토니오 해안에는 수영할 수
있는 해변이 많다. 수풀로 에워싸인 프
렌치맨스 코브 해변은 그중에서도 경
치가 예쁘기로 유명하다. 유료로 운영
되고 있으니 참고하자. 도시 외곽으로
11킬로미터를 나가 수심 61미터의 블
루 석호에 가면 현지 어부들이 모는
소형 보트를 타고 깊은 청록색 물에서
잠수하며 놀 수 있다.

맞은편

주민 트레버가 자신의 집 앞에서 포즈
를 취하고 있다. 네그릴이나 몬테고베
이처럼 모든 게 갖춰진 휴양지와 비교
하면 포트안토니오를 찾는 관광객은
비교적 적은 편이다. 대신 물가가 싸고
다른 데서 누릴 수 없는 즐거움을 만
끽할 수 있다. 포트안토니오는 아름다
운 자연으로 유명하다. 블루 산맥에서
부터 흘러 내려오는 리오그란데강 덕
에 좋은 경치를 자랑하는 래프팅, 하이
킹, 동굴 탐험이 가능하다.

The Siren Call

사이렌 노래

호메로스의 고대 서사시 『오디세이아』에 따르면, 오디세우스는 트로이전쟁 후 이타케섬까지 돌아오는 데 10년의 세월이 걸렸다. 그의 방랑기는 서구 문화에서 하나의 신화로 통한다. 고향으로 돌아가는 길에 만난 여러 섬은 트로이전쟁의 영웅과 그의 선원들을 치명적인 덫에 빠트리곤 했다. 아이아이아섬의 마녀 키르케는 선원들을 유혹해 고향을 망각하게 한 다음 돼지로 변신시켰다. 또 다른 섬을 지날 때 선원들은 최면을 걸어 죽음에 이르게 하는 사이렌 노래의 유혹을 떨쳐내야 했다.

인간이 언제 처음으로 섬의 사이렌 노래를 감지했는가는 정확하지 않다. 파도에 에워싸여 바다의 보호를 받는 것 같기도, 버림받기도 한 것 같은 섬은 모험가와 정복자를, 요즈음에는 여행자를 유혹하며 동시에 위협한다. 섬이 체현하는 고독과 섬사람들의 환대 또는 위협을 둘러싼 수많은 전설은 숱한 미술과 문학작품에 영감을 주었다. 가장 소중한 것들만 챙겨 떠나는 곳으로 그려지는 전설의 무인도만 해도 그렇다. 플라톤이 남긴 대화록에 거론되는 아틀란티스부터 유토피아라는 단어가 처음 등장한 토머스 모어의 『유토피아』까지, 섬으로 묘사되는 이상향은 모두 현실의 아수라장과 동떨어져 바다 한가운데 숨어 있다. 오래전부터 인간이 숱하게 상상해온 섬의 모습이 섬 여행을 둘러싼 공통의 관념을 만들었다 해도 과언이 아니다.

물론 섬 전체를 묶어 이야기할 때 잊어서는 안 되는 사실이 하나 있다. 한 섬에서 겪은 경험이 전부가 아니라는 것이다. 그레이트브리튼을 여행하는 것은 하와이를 여행하는 것과 전혀 다르다. 두 곳 모두 엄연히 제도이지만, 섬으로 '느껴지는' 곳은 하나뿐이다. 센트럴랭커셔대학의 관광개발학과 교수 리처드 섀플리는 '섬 관광'을 균질한 경험으로 말하거나 분석하는 것은 소용없다고 말한다. 섬이라 불리는 공간의 범주가 무척 다양하기 때문이다. 그러나 '섬다움islandness', 풀어 말해 평범한 일상에서 물리적·정서적으로 분리되고, 바다 한가운데 있을 때 증폭되는 고립감을 온전히 느끼는 것'을 열망하고, 더 나아가 체험하기란 가능하다고 본다.

새플리가 보기에 섬다움을 자아내는 섬의 유형은 정해져 있다. 이를테면 그리 크지 않으면서 물이 따뜻한 곳이다. 여행자들이 머릿속에 그리는 섬의 모습은 대체로 그러하다. 해마다 900만 명씩 방문하는 마요르카섬 팔마 공항에 내렸을 때 섬다움을 느끼기는 힘들다. 반면 피지섬은 도착하는 순간부터 외따로운 느낌을 준다. 실제 지리상으로 멀리 떨어져 있는 것뿐 아니라, 문화 자체가 확연히 다르기 때문이다.

물론 모든 관광객이 섬이란 공간을 의식하고 섬에 가는 것은 아니다. 지속 가능한 관광을 연구하는 리처드 버틀러는 다음과 같이 말한다. "관광객들이 꼭 섬이라는 이유로 섬에 가는 것인지는 장담할 수는 없다. 그저 홍보에 구미가 당겨 간 곳이 섬인지도 모른다. 하지만 몰디브처럼 작은 섬들이 모인 제도에 들어가는 경험은 확실히 색다른 감정을 안긴다. 섬 사이사이를 이동하고 있음을 확연히 느낄 수 있기 때문이다. 세상에는 수많은 섬 여행지가 있지만, 일단 섬으로 여행을 떠난다고 하면 그것만으로 매력이 더해지는 것은 사실이다."

버틀러에 따르면, 서구 문화가 무의식적으로 섬에 매료된 데는 특별한 이유가 있다고 한다. 그의 이야기는 섬이 보호의 기능을 수행했던 중세 시대로 거슬러 올라간다. 사람들은 성 주위에 못을 파서 성을 외딴섬으로 만들어 적이 쉽사리 침입할 수 없게 보호했다. 섬은 또한 죄수를 가두는 감옥이나 이민자를 격리하는 수용소로도 쓰였다. 뉴욕 엘리스섬이 대표적이다. 호주 정부는 오늘날에도 미크로네시아의 나우루섬에 난민이나 망명 희망자를 수용한다. 버틀러는 이러한 이유로 섬은 여전히 안전과 은둔의 느낌이 강하다고 분석한다. 이 관점대로 생각하자면, 섬의 경계성 자체가 매력 요인인지도 모르겠다. 지금 자신이 유한한 공간에 와 있으며 덕분에 완전하게 탐험할 수 있으리라는 기대감이 생기고, 이로 인해 섬에 머무르는 동안 좀 더 적극적으로 섬을 알아가게 되는 것이다.

섬이 모험심과 안정감을 동시에 자극한다는 말이 조금 모순되게 들릴지도 모르겠다. 알고 보면, 우리가 어떤 공간을 섬으로 인식하느냐는 마음에 달린 것일 수 있다. 작고 외진 어촌이라면 본토와 떨어져 있건 아니건 섬다운 느낌을 준다. 반대로 섬의 대도시는 내륙과 별반 다르지 않게 느껴진다.

통가제도 출신의 작가이자 인류학자인 에펠리 하우오파는 1933년 에세이 「우리 섬들의 바다Our Sea of Islands」에서 태평양 섬들, 즉 그가 선호하는 표현으로 말하자면 '오세아니아'를 두고 작고, 가난하고, 고립된 곳이라 여기는 서구 관점에 이의를 제기했다. 무엇보다, 오세아니아 사람들은 자신들이 사는 곳을 바다가 시작되는 세계의 끝으로 보지 않는다는 것이 그의 의견이다. 하우오파는 이렇게 적었다. "태평양을 '먼바다의 섬들'로 보느냐, '섬들의 바다'로 보느냐에 따라 관점의 차이는 어마어마하다."

하우오파는 태평양 섬 국가들이 자립해 살 수 없으리라는 관점에 저항하는 동시에, 섬다움에 대한 서구식 갈망을 문제 삼으며 열린 태도를 당부한다. 상상 속의 섬은 현실에서 만나게 되는 섬과 아주 많이 다르기 때문이다.

"섬다움, 풀어 말해 '평범한 일상에서 물리적·정서적으로 분리되고, 바다 한가운데 있을 때 증폭되는 고립감을 온전히 느끼는 것'을 열망하고, 더 나아가 체험하기란 가능하다고 본다."

III

UNWIND

쉼

가비
폰테만
가에타노만
피신 나투랄리
페올라만
폰차
프론토네 해변
산타마리아
키아이아 디 루나 해변
폰차

PONZA

화산암 해변에서 헤엄치고 식사하기

위치 티레니아해
좌표 40.91°N, 12.96°E
면적 10제곱킬로미터
인구 3339명
주요 도시 폰차

티레니아해의 영롱한 수면 위로 날카롭게 솟은 이탈리아 폰차섬은 태곳적 분위기를 고스란히 간직하고 있다. 항구 마을에는 알록달록한 집들이 빽빽하게 늘어서 있지만, 폰차 해변에 나가면 인상적인 모양의 용암 둑이 바로 펼쳐진다. 머나먼 옛 자연이 남긴 이 기념비들은 오래전 에트루리아와 그리스 사람들 눈에 이 외딴섬이 어떻게 보였을지를 생각해보게 한다.

사이 트웜블리의 제자이자 저명한 로마 화가인 알베르토 디 파비오는 10여 년 전 폰차섬의 외진 땅을 사들였다. "우리는 이곳 바다 한가운데서 율리시스의 발자취를 따릅니다. 고대 그리스 사람들의 철학과 다시금 이어지기도 하죠." 그는 하얀색 벽토가 발린 집을 사들여 몇 번의 여름 동안 수리한 끝에 도시 생활로부터의 피난처를 완성했다. 그는 미소 지으며 말한다. "아날로그 시대가 그리울 때면 이곳에 와요."

디 파비오는 로마와 뉴욕에 아파트와 스튜디오가 있지만, 사색 공간이 필요할 때면 폰차섬의 '동굴 집'을 찾는다. "이 섬을 찾은 사람들은 순수한 자연에 어김없이 반하게 됩니다." 디 파비오의 이웃은 땅과 조화를 이뤄 식물을 재배하는 농부들이다. 안티케 칸티네

미글리아치오Antiche Cantine Migliaccio와 같이 재래 농법으로 키워낸 비앙코렐라 포도 품종으로 유명한 포도원도 그의 집과 가까이 있다. 이 포도는 수 세기째 폰치아네제도에서만 재배되는 품종으로, 폰차섬의 재배량이 가장 많다. 이 지역의 포도로 만든 와인은 산사나무 꽃 내음과 화산암 토양의 풍미가 짙게 풍긴다.

와인은 폰차섬의 진미 요리와 자연스럽게 어울린다. 섬에서 나는 거미게와 대롱수염새우, 갓 잡은 멸치에 방울토마토를 곁들인 요리, 들에서 수확한 납작한 콩 치첼키에로 만든 링귀니 코 펠로네가 대표적이다.

디 파비오는 폰차에서 여름을 난다. 책을 읽고, 글을 쓰고, 새 아이디어를 위해 에너지를 충전한다. 가끔은 그림도 그린다. 머리를 식힐 때면 부둣가의 바 트리폴리Bar Tripoli로 간다. 물가에 둥둥 떠 있는 배를 바라보며 가볍게 식전주를 마시기 위해서다. 호텔 키아이아 디 루나Hotel Chiaia di Luna에 들르기도 하는데, 두 언덕 사이에 자리한 풀장 테라스에서 탁 트인 바다를 바라보고 있노라면 석양 풍경에 숨이 멎는다고 한다. 중심부의 카를로 피사카네 광장 근처로 가면 라라고스타 레스토랑Ristorante l'Aragosta, 젠나리노 아 마레

가는 방법

이탈리아에서는 대부분 나폴리나 로마를 통해 폰차섬에 들어간다. 나폴리에서 출발한다면 포르미아행 기차를 탄 뒤 페리로 갈아타면 된다. 로마에서 출발할 때도 안치오나 포르미아행 기차를 탄 뒤 페리로 갈아탄다. 안치오에서 섬까지는 한 시간이 조금 넘게 걸리고, 포르미아에서는 약 두 시간 반이 걸린다. 나폴리에서 폰차섬까지 직행으로 가는 페리는 일주일에 몇 번밖에 운항하지 않는다. 테라치나 또는 산펠리체치르체오에서 출발하는 페리도 있다.

볼거리와 관광 명소

배를 빌려 섬 곳곳의 작은 만을 들르고 아담한 팔마롤라섬까지 다녀오는 일정을 추천한다. 운이 좋다면 아이스크림을 파는 배 바르키노 데이 젤라티를 만날지도 모른다. 아니면, 아늑한 자연 해수 풀장 피신 나투랄리 Piscine Naturali에서 헤엄을 즐기는 것도 추천한다. 저녁이 되면 항구로 가서 식전주를 즐기자. 자리가 없을까 봐 걱정하지 않아도 된다. 항구 담벼락 앞이 최고의 자리가 되어줄 테니까.

묵을 곳

호텔 키아이아 디 루나는 섬의 최고급 호텔 중에서도 단연 최고로 꼽힌다. 특히 드넓은 테라스는 부겐빌레아가 피어나는 초여름에 장관을 이룬다. 멋진 취향대로 꾸며진 게스트하우스들도 있다. 빌라 라에티티아 Villa Laetitia는 패션 명사 안나 펜디가 소유한 부르봉왕조 시대 건물로, 과르디아 산기슭에 자리했다. 지금은 나폴리풍 타일과 골동품으로 꾸며져 있다.

알아두면 좋은 정보

1922년부터 1943년까지 이탈리아가 파시스트당의 지배를 받는 동안, 폰차섬은 거물 정적들을 가두는 감옥이었다. 에티오피아 황제 하일레 셀라시에의 사촌 라스 임루 하일레 셀라시에도 섬에 갇혀 지냈다. 무솔리니도 1943년 실각 후 몇 주 정도 섬에 수감되었는데, 이후 독일군에게 위치가 발각당하지 않도록 사르데냐섬으로 이송되었다.

Gennarino a Mare, 아이아이아 레스토랑 Ristorante Eéa 등이 있다. 모두 테라스가 바다 코앞에 나 있어 저녁을 먹으며 경치를 감상하기 좋다. 참고로, 『오디세이아』에 언급된 아이아이아섬이 지금의 폰차섬으로 추정된다고 한다. 저 멀리 수평선 전망이 트인 곳에서 하늘과 바다를 감상하며 식사하고 싶은 이들에게, 디 파비오는 서향으로 난 트라몬토 Tramonto 식당을 추천한다. 트라몬토는 '석양'이라는 뜻이다. 이 식당은 섬 정중앙 언덕 위에 자리를 잡았다.

디 파비오는 섬의 다른 지역도 둘러보며 작은 마을의 예스러운 분위기를 느껴보라고 권한다. "1950~1960년대 이탈리아를 경험해보고 싶다면, 레 포르나로 가세요." 레 포르나는 섬 북단에 있는 마을이다. 디 파비오는 그곳에 있는 푼타 인첸소 레스토랑 Ristorante Punta Incenso, 그리고 다 이지노 Da Igino를 추천한다. 모두 폰테만에서 막 잡은 물고기로 볶음 요리나 소금구이 요리를 만들어 파는 고급 요릿집이다. 디 파비오는 작은 만을 둘러싼 멋스러운 바위 아래 정박한 목선도 지나치지 않고 감상한다. 바로 근처에 있는 가에타노만 바다에서 수영도 즐긴다. 수정처럼 맑은 바다 근처에는 돌, 가시선인장, 블랙베리 덤불이 무성하다. 다만 이곳에 가려면 큰맘을 먹어

야 한다. 이곳 해변은 가파른 계단을 300층이나 넘게 올라야 해서 언제나 인적이 드물다. 섬에서 몇 안 되게 모래사장이 깔린 페올라만 바닷가의 라 마리나 레스토랑 Ristorante La Marina과 해안선을 따라 형성된 천연 풀장도 놓치면 아쉬운 곳이다. 디 파비오는 바 잔지바르 Bar Zanzibar에 들러 알록달록한 집들에 둘러싸인 산타마리아 자갈 해변에서 술을 즐기기도 한다.

울창한 절벽이 에워싼 프론토네 모래 해변에서는 다 엔초 Da Enzo에 들러 식사하며 별을 구경한다. 가게 주인이 직접 배를 몰아 물가 바위에 차린 테이블로 손님들을 안내한다. 점심에는 인근의 리스토로 다 게라도 Ristoro da Gerardo에 들러도 좋다. 시골스러운 분위기에서 집밥 같은 요리를 판매한다. 주변에 닭과 염소가 돌아다니는 이곳은 디 파비오의 표현대로 언덕 위 낙원 같은 곳이다. 가게 주인은 한쪽 공간에 박물관을 차려 예로부터 폰차에 전해 내려오는 골동품과 민속 예술품을 전시해놓았다. 이곳에서 과거 식량을 채집할 때 쓰던 큰 낫과 그물망, 심해로 떠날 때 탔던 배의 모형 따위를 볼 수 있다. 이런 아날로그 시대의 흔적들을 가만히 보고 있노라면, 폰차의 옛 바다가 한결 더 가깝게 느껴진다.

아래

'새우와 케이퍼'란 뜻의 감베리 앤드 카페리Gamberi&Capperi는 섬에서 가장 인기 있는 식당 중 하나다. 셰프 루이지 나스티가 섬 재료를 이용해 즉석에서 기발한 음식을 요리해 테이블에 내놓는다. 회반죽을 바른 야외 테라스로 나가면 폰차 시내가 한눈에 내다보인다. 테라스 너머로는 식탁 위에 차려진 해산물이 건너왔을 항구 바다가 펼쳐진다.

맞은편

바 나우틸루스Bar Nautilus는 피신 나투랄리 바로 옆에 있다. 피신 나투랄리는 오래전 화산 활동으로 생긴 자연 해수 풀장이다. 수심이 깊지 않고 바다로 떠밀려 갈 위험도 없어 수영하기에 딱 좋다. 주위를 에워싼 암석 위에는 일광욕 의자와 술 가판대가 있다. 날이 무덥다 싶으면 미끄럼틀을 타고 물속에 풍덩 빠지거나 주변 동굴에 들어가 더위를 식히면 된다.

아래

폰차 항구는 섬의 관문 역할을 한다. 여기서 배를 타고 나가면 아주 작고 사람이 거의 살지 않는 팔마롤라섬에 들어갈 수 있다. 이 섬에는 높은 절벽 안쪽에 조성된 멋진 아치 모양의 작은 동굴이 있는데, 그 안에서 수영과 스노클링을 즐길 수 있다. 점심거리를 위한 낚시를 하고 싶다면 현지 어부들에게 부탁해보자. 흔쾌히 배를 몰아줄 것이다.

다음 장 오른쪽

근사한 호텔 키아이아 디 루나는 바로 앞 해변에서 이름을 따 왔다. 키아이아 디 루나는 '반달 해변'이란 뜻으로, 가파른 절벽에 둘러싸여 가늘게 이어지는 하얀 모래사장을 가리킨다. 해변으로 들어가는 유일한 통로는 로마인들이 지은 터널인데, 낙석 위험으로 폐쇄되었다. 하지만 주변 물가나 절벽에서 멀찍이 구경하더라도 충분히 감탄을 자아낸다.

아래 왼쪽

폰차 시장을 지낸 안토니오 발자노의 모습. 사진의 배경은 본인이 운영하는 피자 전문점 타르타루가 팝Tartaruga Pub 이다. 발자노는 1993년부터 2001년까지 시장으로 일했고, 현재는 식당을 운영하며 노후를 즐기고 있다. 식당을 방문한 세계 각지 사람들과 대화하는 것이 매일의 낙이다. 이 작은 식당은 예약이 금방 차므로 특히 여름에 방문을 원하는 이들은 서둘러 예약해야 한다.

아래 왼쪽

몬타냐클라라

람브라 해변

베르메야산

라스 콘차스 해변

카사스 데 페드로 바르바

라그라시오사

칼레타 델 세보

LA GRACIOSA

카나리아제도의 마지막 섬

위치　　대서양
좌표　　29.25°N, 13.50°W
면적　　29.05제곱킬로미터
인구　　730명
주요 도시　칼레타 델 세보

라그라시오사섬은 대서양에 떠 있는 29제곱킬로미터짜리 조각이다. 700명이 조금 넘는 섬 주민들은 바깥세상에 무엇 하나 빚지지 않는다. 배 위에 왜가리가 앉아 있고 부둣가에는 낮잠을 자는 고양이들이 가득한 이 섬에서, 주민들은 저녁마다 직접 잡은 물고기로 배를 채운다. 2월의 날씨는 매섭고, 9월은 탈 듯이 뜨겁다. 섬에는 우기도, 관광 성수기도 찾아오지 않는다. 시간을 알려주는 것은 란사로테섬에서 하루 몇 번 들어오는 페리들이다.

섬의 이동 수단은 대개 그곳의 사회와 지형에 따라 결정된다. 예를 들어 카리브해의 무스티크섬에서는 가스 연료로 굴러가는 골프 카트가 부자 여행객을 실어 나른다. 채널제도에 속한 사크섬의 이동 수단은 말과 수레다. 브라질 연안의 보이페바섬은 모래가 많다 보니 말 대신 트랙터가 수레를 끈다. 라그라시오사섬에 가면 빈티지 랜드로버 디펜더 차량이 수두룩하다. 태양 빛이 작열하는 섬을 관광하며 빛을 피하려면 하얀색으로 칠한 차가 필수다.

라그라시오사섬에는 아스팔트 길이 없다. 따라서 모랫길을 운전해 해변으로 가야 한다. 흙먼지 사이로 시호 꽃이 피어나고, 아침 이슬이 맺히는 곳마다 발삼 꽃식물이 야무지게 물기를 머금고 성

장한다. 바다 너머로는 몬타냐클라라섬이 있다. 푸른 대서양 한가운데 붉게 빛나는 이 바위섬은 사람이 살지 않는 자연보호구역이다.

이 섬을 찾은 관광객이라면 알아서 노는 법을 궁리해야 한다. 새 관찰자, 사막 여행자, 나체주의자를 위한 명소 표지판은 거의 없다고 보면 된다. 하지만 서퍼라면 갈 곳이 정해져 있다. 바로 라스 콘차스 해변이다. 난파된 어선이 덩그러니 놓인 이곳 해변은 바닷물이 약하게 돌아가는 세탁기처럼 나른하게 물결친다.

라그라시오사섬에서 사람들이 모여 사는 곳은 칼레타 델 세보가 유일하다. 태양이 지는 방향으로는 카나리아제도의 란사로테섬이 있다. 라그라시오사섬보다 훨씬 큰 란사로테섬은 폭이 0.8킬로미터 남짓한 해협을 사이에 두고 라그라시오사섬과 떨어져 있다. 이 해협은 강을 뜻하는 '엘 리오'라고 불린다. 한때 두 섬은 서로 다른 시대를 사는 것처럼 문화가 확연히 달랐으나 격차가 서서히 줄고 있다.

섬에서 게스트하우스를 운영하는 카르멘 돌로레스는 옛 시절을 다음과 같이 회고한다. "라그라시오사섬에서 보낸 어린 시절은 참 고달팠어요. 아버지는 아프리카 연안까지 나갔다가 석 달에 한 번 꼴로 집에 들르셨죠." 그의 아버지는 스페인령 어업 해역이었던 카

가는 방법

바이오스페라 익스프레스Biosfera Express 페리는, 하루에 몇 번씩 이 섬을 오간다. 랜드로버 택시를 타면 라그라시오사섬의 3대 해변인 라스 콘차스, 람브라, 페드로 바르바 해변에 갈 수 있다. 90분이면 섬의 북쪽에서 남쪽으로 걸어서 이동할 수 있다.

볼거리와 관광 명소

라스 콘차스 해변 인근의 베르메야산에 오르면 섬의 절경이 내다보인다. 엘 메손 라그라시오사 Restaurante El Mesón La Graciosa 식당에서는 해산물 구이를 즐길 수 있다. 이 식당에서 해산물이 아닌 요리는 샐러드뿐이다. 칼레타 델 세보에 있는 페리 터미널에서 라스 콘차스 해변까지 도보로 이동한 뒤 스쿠버 다이빙을 즐기는 것도 좋다. 바 엘 살라데로Bar El Saladero에서 일몰을 감상하는 것도 추천한다.

묵을 곳

게스트하우스는 칼레타 델 세보에 몰려 있다. 통으로 빌릴 수 있는 집도 많다. 아담한 페리 항구에서 걸어서 몇 분이면 어디든 도착할 수 있다. 침실 세 개가 있는 카사 카르멘 돌로레스Casa Carmen Dolores는 앞뜰에 바비큐 공간도 마련되어 있다. 해산물은 근처 가게에서 사면 된다.

알아두면 좋은 정보

2018년 라그라시오사섬이 뉴스에 등장한 적이 있다. 주민들의 노력 끝에 공식적으로 카나리아제도의 여덟 번째 섬이 되었기 때문이다. 그전까지는 주변 큰 섬에 행정적으로 의존하는 작은 섬이었다. 라그라시오사섬은 테네리페섬, 란사로테섬, 그란카나리아섬과 어깨를 나란히 하게 됐다. 그날 밤 700여 명 주민이 모여 파티를 열었다.

보 블랑코에서 참다랑어를 잡는 어부였다. "배부름이라곤 느껴본 적 없던 시절이었어요."

80대에 접어든 섬의 주민 엔리케타 로메로는 어릴 적 아버지의 심부름으로 '건너편 섬'에 다녀오곤 했다. 29킬로그램이나 나가는 물고기 바구니를 머리에 이고 란사로테섬의 가파른 비탈을 올랐다. 물고기를 팔아 감자와 토마토를 샀고, 호밀과 병아리콩 등의 곡물로 만든 카나리아제도식 밀가루 '고피오'도 샀다. 이후 식량을 지고 밑으로 내려와 불을 피우면 아버지가 그 연기를 보고 로메로를 데리러 왔다.

이제 로메로 가족은 라그라시오사섬에서 게스트하우스와 식당을 운영한다. 문어 요리 네 가지, 오징어 요리 두 가지, 해산물 파에야, 그리고 모험을 원치 않는 손님을 위한 생선 스테이크를 판매한다. 게스트하우스는 시레나스 거리에 있다. 이 거리명은 『오디세이아』에서 선원들을 유혹했다는 사이렌 노래에서 따왔다. 작살을 뜻하는 아르폰 거리, 프로펠러를 뜻하는 엘리세 거리도 같은 원리로 이름이 붙었다. 이 섬에서는 하룻밤만 머물러도 늘 살던 사람처럼 환대받는다. 일주일간 머무르다 보면, 어느새 현지 어부들을 도와 그

물을 손보는 자신을 발견하게 될 것이다.

랜드로버 디펜더 차량만 있으면 라그라시오사섬 구석구석을 돌아다닐 수 있다. 람브라 해변에 가면 높은 확률로 해변을 독차지할 수 있다. 페드로 바르바 해변에는 끝없이 펼쳐진 모래사장 뒤편으로 회반죽이 발린 집들이 둥그렇게 모여 있다.

섬 가이드 미겔 페레르에 따르면, 요즈음 섬을 찾는 관광객들은 해변만 즐기다 가지는 않는다고 한다. 페레르는 고객의 니즈에 맞춰 자전거 대여부터 낚시 여행, 스쿠버 다이빙까지 가이드 사업을 확장했고, 전자리상어와 바닷가재를 볼 수 있는 해역으로 관광객들을 안내한다.

페레르는 내일 일은 걱정하지 않는다. 시간은 흐르고 페리는 왔다 가지만, 섬에는 내일도 오늘 같은 태양이 뜰 것이니 말이다. 그는 섬 생활에 만족한다고 말한다. "약국도 하나, 빵집도 하나, 교회도 하나 있어요. 뭐가 더 필요한가요?"

페레르와 친구들은 단순한 일상에 싫증이 날 때면 몬타냐클라라섬에 다녀온다. 사람들이 오기 전의 라그라시오사섬을 닮은 그곳으로.

아래

라그라시오섬을 찾은 관광객 브리기테 라부스의 모습. 북유럽인답게 겨울에 카니리아제도를 찾았다. 이 무렵에는 날씨가 늘 온화히디. 아열대기후 덕에 섬은 1년 중 300일 넘도록 화창한 날씨가 이어진다. 겨울철 평균 기온은 섭씨 20도다. 라그라시오사섬에 처음 방문한 라부스는 도착하자마자 체류 일정을 늘렸다.

맞은편

라그라시오사섬에는 아스팔트 길이 없다. 따라서 이동 수단은 무조건 비포장도로 주행용 차여야 한다. 관련 장비도 필수다. 차를 빌리기 어려우니 섬을 관광하려면 사륜 택시를 타는 수밖에 없다. 아니면 자전거를 타거나 걸어 다녀야 한다. 자전거 대여소가 많으니 참고하자.

맞은편

라그라시오사섬의 건물을 지배하는 색은 히얀색이다. 햇빛을 반사하고 실내를 시원하게 유지하기 위해서다. 건물은 대부분 섬의 화산석을 이용해 돌담을 쌓는 형식으로 지어졌다. 일부 돌은 회반죽이 발리지 않은 채 그대로 노출되었다. 그래야 건물이 겨울 동안 숨을 쉴 수 있어 습기 차는 것을 막는다.

다음 장 오른쪽

섬에서 가장 인기 있는 해변인 라스 콘차스 해변은 칼레타 델 세보에서 약 6킬로미터 떨어져 있다. 섬에서 가장 높은 베르메야산 발치에 펼쳐진 모래 사장은 600미터 가까이 이어진다. 빨간 깃발이 꽂힌 곳은 수영 위험 구역이다. 섬 북부는 대서양의 세찬 물결 때문에 대부분 수영이 불가능하다.

키날리아다

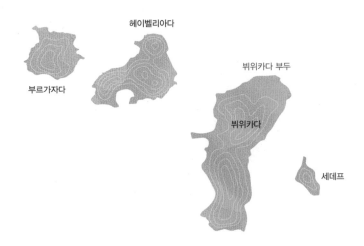
헤이벨리아다

부르가자다

뷔위카다 부두

뷔위카다

세데프

BÜYÜKADA

프린세스제도의 보석

위치   마르마라해
좌표   40.85°N, 29.12°E
면적   5.4제곱킬로미터
인구   7499명

프린세스제도행 페리를 탔을 때는 두 가지 선택지가 있다. 하나는 앞자리에서 뻥 뚫린 바다를 바라보는 것이고, 다른 하나는 뒷자리에서 멀어지는 이스탄불을 보는 것이다. 프린세스제도로의 여행은 치유와 회복의 출발점이 되어줄 것이다. 콘크리트 도시가 수평선에 잠기는 모습을 바라보는 것만으로 마음이 충만해진다. 이윽고 눈앞에 마르마라해 위로 봉긋 솟은 아홉 개의 푸른 언덕 섬이 등장한다. 이 섬들의 이름은 현지 언어로 '섬들'을 뜻하는 '아달라르'다.

어느 섬에 갈지도 신중히 정해야 한다. 제도에서 가장 큰 뷔위카다섬은 여름마다 관광객으로 북적이지만, 9월부터 5월까지는 꽤 한적하다. 특히 가을에는 19세기에 생긴 이곳 부두에 페리가 입항할 때부터 주변에 조용한 분위기가 감돈다. 주민 7499명은 배에 누가 타고 내리는지 신경 쓰지 않고 일상을 살아간다. 날이 시원해지면 부둣가 해산물 식당들도 대체로 여유가 넘친다. 자전거를 빌려 타거나 도보로 바닷가 앞의 이르뮈츠 니산 애비뉴를 돌아다니는 것도 좋다. 뷔위카다섬은 차분한 가을이나 겨울에 방문해도 참 아름답다. 노벨문학상 수상 작가인 오르한 파묵이 즐겨 묘사했던 '달콤한 멜랑콜리'의 기운이 섬에 그득하다. 참고로 오르한 파묵은 인근

의 헤이벨리아다섬에서 여름을 자주 보냈다고 한다.

어쩔 수 없이 여름에 방문할 계획이라면 프린세스제도의 좀 더 작은 섬에 가는 것도 방법이다. 헤이벨리아다섬에서 할키 신학대 언덕에 올라 바다 풍경의 축복이 내린 정원을 거닐고, 부르가자다섬에서 튀르키예의 위대한 단편소설 작가 사이트 파이크 아바스야느크의 저택을 방문해보자. 이곳은 현재 박물관으로 운영되고 있다. 키날리아다섬에 두 군데 있는 이스탄불 전통 여관 '자쉬'에서 시간을 보내봐도 좋다.

과거 비잔틴제국과 오스만 술탄 일가의 망명지였던 프린세스제도는 19세기 말에 이르러 부자들의 놀이터가 되었다. '코스크'라 불리는 목재 별장은 호화롭게 꾸며졌다. 이스탄불에 살다가 여름 휴가철만 되면 비좁은 페라 거리나 갈라타 거리에서 탈출을 꿈꾸던 부유한 그리스인, 아르메니아인, 유대인들의 스타일에 맞춘 것이다. 지금도 크게 달라진 점은 없다. 뷔위카다섬의 찬카야 또는 니잠 애비뉴를 걷다 보면, 그 시절 신고전주의풍의 목재 저택이 어떻게 개조되었는지를 볼 수 있다. 후기 바로크, 로코코, 아르누보풍의 정교한 장식물도 구경거리다.

가는 방법

마비 마르마라Mavi Marmara와 세히르 하틀라리 바푸르Şehir Hatları Vapur 등의 선박이 이스탄불의 여러 페리 터미널에서 뷔위카다섬으로 가는 정기 운항 서비스를 제공한다. 계절마다 운항 시간이 다르므로 반드시 온라인에서 일정을 미리 확인해야 한다. 섬을 왕복하는 개인 선박은 없다. 섬을 관광할 때는 전기 수레를 이용해야 하는데, 이스탄불 카드인 아크빌로 결제하면 된다.

볼거리와 관광 명소

빵과 케이크로 유명한 뷔위카다 파스타네시Büyükada Pastanesi 에 들러 클래식 디저트와 맛 좋은 페이스트리를 즐겨보자. 섬의 화재 관측 센터로 올라가면 근처 헤이벨리아다섬과 그곳의 대표 명소이자 옛 그리스 정교회의 할키 신학대를 한눈에 볼 수 있다. 현대적인 건축물 아나돌루 쿨뤼뷔 Anadolu Kulübü도 감상해보자.

묵을 곳

에어비앤비와 부티크 호텔을 모두 이용할 수 있다. 항구 근처의 스플랜디드 팰리스 호텔Splendid Palace Hotel을 추천한다. 은으로 된 돔, 붉은 덧창문, 대리석 바닥으로 꾸며진 아르누보풍의 아리따운 건물이 섬의 화려했던 과거를 보여준다. 투숙객은 대여섯 가지 치즈부터 빵, 잼, 오믈렛까지 제대로 된 튀르키예식 아침 식사를 받아볼 수 있다.

알아두면 좋은 정보

레온 트로츠키는 뷔위카다섬에 추방되어 1929년부터 1933년까지 지냈다. 전해지는 바에 따르면, 『러시아 혁명사』를 집필하다가 머리를 식힐 때면 그리스인 어부와 경호원들을 데리고 섬의 작은 만에서 노를 저으며 배를 탔다고 한다. 아마추어 박물학자이기도 했던 그는 마르마라해에서 붉은 볼락 종을 발견해 세바스테스 레니니 Sebastes leninii라는 명칭을 붙였다.

함라치 거리로 가면 공산주의 혁명가 레온 트로츠키가 1929년 부터 1933년까지 추방되어 지냈던 붉은 벽돌 저택이 일부 남아 있 다. 그는 프랑스로부터 망명 제의를 받기 전까지 그 저택에서 자서 전 한 권과 두 권짜리 『러시아 혁명사』를 집필했다.

저택 터에서 걷기 시작해 사랑의 거리를 뜻하는 아시클라 욜 루 거리를 쭉 오르다 보면, 울창한 소나무 숲이 모습을 드러낸다. 나뭇가지 사이로 불쑥 바다 조각이 걸려 있다. 섬의 마차 페이톤 을 끌다 은퇴한 말들이 이따금 한가로이 거니는 모습을 볼 수도 있 다. 섬의 전통이었던 페이톤은 동물권 보호 시위로 2020년 금지된 후 공공 전기 수레로 교체되었다. 숲속 빈터에는 프린키포 팰리스 Prinkipo Palace라고 하는 옛 그리스 보육원이자 유럽에서 가장 큰 목 재 건축물 중 하나가 서 있다. 무너질 것처럼 생겨 무척 으스스하 다. 진입은 금지되었으나 경계선 바깥에서 구경하는 것만으로 가 치는 충분하다.

섬의 역사를 제대로 배우고 싶다면 프린세스제도 박물관 방문도 후회하지 않을 선택이다. 과거 섬사람들이 일상에서 쓰던 물건부터 오스만제국 문서, 옛 사진과 영상 등이 상시 전시되어 섬의 다문화 역사를 시각적으로 풍부하게 보여준다. 선사시대부터 오늘날까지 의 시간을 아우르는 공간이다.

뷔위카다 부두에서 저택들을 지나 소나무 숲 뒷길로 빠지는 원 형 산책로를 약 45분 걸려 통과하고 나면, 섬 최고 절경과 함께 아 니스 맛이 나는 증류주 '라키'를 즐길 공간이 나온다. 올리브나무와 부겐빌레아 덤불 사이에 작게 자리한 에스키바그 테라스Eskibağ Teras 로 들어가 창가 자리에 앉아보자. 식당은 연중무휴로 운영되며, 지난 수 세기 동안 섬사람들이 정원이나 소박한 나무 테이블에서 광활한 바다 너머 저무는 석양을 바라보며 라키와 곁들여 먹곤 했던 전채 요리 '메제'를 비롯한 구운 생선과 고기 따위를 판매한다. 이곳에서 라키를 즐기며 섬의 시간을 차분하게 통과해보자.

위 왼쪽

이을마즈튀르크 거리에 있는 뷔위카
다 로크아다Büyükada Loc'Ada 식당의
테이블 하나. 물가 바로 옆에 있다. 동
명의 호텔에 딸린 이 식당은 해산물
요리를 판매하며, 인접한 세데프섬의
풍경을 선사한다. 뷔위카다섬 식당들
은 어딜 가나 구운 문어, 흰콩 샐러드,
구운 가지 요리 등으로 구성된 튀르키
예식 전채요리를 판매한다. 원하는 생
선구이를 주요리로 고른 뒤 곁들일 라
키를 한 잔 주문해 함께 즐겨보자.

맞은편

1908년 뷔위카다섬에 지어진 스플랜
디드 팰리스 호텔은 에드워드 7세 시
대의 우아함을 희미하게 간직하고 있
다. 아르누보풍의 웅장함과 진홍색 차
양, 오스만제국풍 돔까지 웨스 앤더슨
영화의 배경으로도 손색이 없다. 현재
호텔은 창업주 가문이 6대째 관리 중
이다. 튀르키예 문화관광부는 이 건물
을 국립 기념물로 지정했다.

지리청송 해변

청산도항
도락리 해변

상서마을

범바위

CHEONGSANDO

한국의 시골을 천천히 거닐기

위치	대한민국 남해
좌표	34.18°N, 126.88°E
면적	33제곱킬로미터
인구	2182명

대한민국 남해 연안의 작은 청산도 주민들은 하늘의 뜻을 거역한 호랑이의 전설과 함께 살아간다.

전설 속 호랑이는 신선의 명령을 받들어 청산도에 데리고 갈 열 가지 생명을 모았다. 태양, 달, 산, 물, 돌, 소나무, 사슴, 학, 거북이, 그리고 신비한 불로초였다. 이 생명들은 성스러운 기운이 넘치는 청산도에서 영원히 살아갈 터였다. 그러나 호랑이는 이 열 가지 생명 중에 자신이 포함되지 않은 것에 앙심을 품었고, 질투심에 눈이 멀어 사슴을 해한 뒤 자신이 대신 청산도로 향했다. 분노한 신선은 호랑이를 내쫓으며 바다에 달빛이 내리비칠 때까지 제 발로 섬에서 나가지 않으면 돌로 만들겠노라고 엄포했다. 그러나 호랑이는 끝까지 버텼다. 섬 최남단에 자리 잡은 범바위를 자세히 들여다보면, 돌의 윤곽이 전설 속의 호랑이를 연상케 한다.

청산도의 시간은 느리게 흐른다. 이곳의 유유자적함은 공식적으로 인정받기도 했다. 2007년 슬로푸드 운동에 영감을 받아 만들어진 이탈리아 단체 '치타슬로'는 청산도를 아시아 최초의 공식 슬로시티로 선정했다. 치타슬로는 속도를 늦춰 삶의 질을 향상하는 것을 목표로 삼는다. 청산도는 단연 이 목표에 어울린다. 청록색 수채

화 물감을 풀어놓은 듯한 하늘과 산과 들판 풍경이 펼쳐지는 곳. 청산도의 일상은 낚시와 농사로 채워진다. 해안과 골짜기를 따라 작은 마을이 여기저기 흩어져 터를 잡았다.

청산도는 본토와 연결된 완도에서 배를 타고 43분만 이동하면 도착하는 곳이지만, 마치 다른 세상 같은 느낌을 자아낸다. 배는 겨울에 하루 6회 운항하며, 여름철에는 주기가 좀 더 잦다. 바다 위 작은 점 같은 이 섬은 한쪽에서 다른 쪽 끝까지 차로 15분이면 횡단할 수 있고, 2000명이 조금 넘는 주민들이 모여 산다.

활기 넘치는 서울에서 온 사람들이라면 인파로 가득한 유흥가도, 쇼핑 거리도 없는 청산도에 놀거리가 부족하면 어떡하나 걱정할지도 모르겠다. 드라마와 영화 촬영지로 유명한 몇몇 장소를 빼면 섬에는 이렇다 할 관광지도 없다. 그러나 청산도는 느긋하게 거니는 사람들에게 서서히 제 매력을 드러낸다. 배를 통해 자동차를 가지고 갈 수도 있지만, 자동차를 포기하는 방법도 나쁘지 않다. 천천히 경험해야 공간의 아름다움을 더욱 오롯이 느낄 수 있다는 것이야말로 치타슬로의 정신이다.

청산도 해안과 내륙을 잇는 들길 열한 개로 이뤄진 42킬로미터

서울 센트럴시티 터미널에서 완도
터미널까지는 버스로 다섯 시간이
걸린다. 거기서 45분 정도 택시를
타고 완도항으로 간다. 그런 다음
청산도항으로 가는 배를 탄다.
가게와 식당은 대부분 항구 주변에
몰려 있다. 관광할 때는 도보와
택시를 이용하자. 버스도 이용할
수 있지만 배차 간격이 길다.

387미터의 매봉산은 청산도에서
가장 높은 산으로, 두 시간이면 크게
힘들이지 않고 완주할 수 있다.
1코스 근처의 화랑포 전망대 역시
경치를 감상하는 장소로 인기가
많다. 먹거리로는 신흥 해변의
이동식 트럭 가게 He & She에서
판매하는 회 요리를 추천한다.

청산도 숙박 시설은 대부분이 한옥
펜션이다. 펜션은 섬 전역에 있는데,
특히 아름다운 펜션은 항구 남쪽
도락리 마을에 모여 있다. 거점으로
삼아 돌아다니기에도 좋은 위치.
청산 한옥 펜션을 강력히 추천한다.

'푸른 산의 섬'이란 뜻의 청산도는
불가사의한 공간으로도 이름 높다.
구전 설화에 따르면 섬의 기운이
아주 강력해서 범바위 가까이 가면
버뮤다 삼각지대와 비슷한 효과가
나타나 자기장이 강해져 나침반이
힘을 못 쓴다는 소문도 있다.

길이의 '슬로 길'을 따라 걷는 것도 좋은 선택이다. 이는 실제 주민
들이 오가던 길을 변형한 경로로, 2010년 공식 개장했다. 길마다 표
지판이 서 있는 슬로 길은 치타슬로가 선정한 세계에서 가장 아름
다운 산책 휴양지다.

　일반 도보 여행자가 하루 만에 슬로 길을 완주하기란 쉽지 않다.
차라리 기사를 고용해 원하는 해변이나 마을 인근의 특정 구간에
상하차한 뒤 섬에 남겨진 과거의 흔적과 현재의 풍경을 감상하는
편이 낫다. 청산도항에서 섬 서쪽을 향해 시계 반대 방향으로 따라
가는 1코스는 도락리 해변과 드라마 〈봄의 왈츠〉, 영화 〈서편제〉 촬
영 장소를 가로지른다. 2코스, 3코스, 4코스에서는 조용한 공원, 옛
요새, 청동기 무덤을 만날 수 있다. 5코스는 범바위로 이어진다. 현
지 주민들 말에 의하면, 바위 가까이 가면 호랑이 울음소리 같은 바
람 소리가 들린다고 한다.

　슬로 길에서 유일하게 내륙 길로만 이뤄진 6코스에서는 구들장
논을 볼 수 있다. 청산도에서만 볼 수 있는 농사 기법으로, 서서히
펼쳐지는 모양을 하고 있다. 한국 농업 유산으로 지정된 구들장 논
은 돌벽으로 지은 계단식 논으로, 경사가 가파르고 물이 지나치게

잘 빠져 농사에 불리한 청산도 환경에 맞춰 설계된 방식이다. 이 코
스는 조선 시대부터 이어져온 마을인 상서마을을 통하는데, 돌벽이
마을의 집들을 휘감아 도로와 구분해준다.

　상서마을을 지나 7코스로 접어들면 신흥 해변의 하얀 모래사장
이 나온다. 8코스와 9코스는 새벽녘 풍경에 딱 어울리는 이름을 지
닌 해맞이길, 그리고 나뭇잎이 무성한 단풍길로 이어진다. 단풍길
은 물론 가을에 가장 아름답다. 마지막으로 10코스와 11코스는 지
리청송 해변과 항구 마을의 좁은 길을 지나 원점으로 되돌아온다.

　배를 채우고 싶다면 해녀들이 운영하는 해산물 식당에 들러보
자. 청산도는 신선한 전복으로 유명하다. 해변 카페나 돌벽 찻집에
들어가 쉬어도 좋다. 하룻밤 머무를 계획이라면 한옥 스타일 펜션
을 알아보자.

　섬은 노란 유채꽃이 만개하는 봄에 특히 아름답지만, 사계절 어
느 때나 방문하더라도 매력이 넘치며 드나들기도 어렵지 않다. 겨
울의 청산도 역시 조용하고 평화로운 매력을 풍긴다. 섬에 방문하
거든 유유자적하게 시간을 흘려보내자. 너무 오래 머물러 돌로 변
할까 걱정할 필요는 없다.

아래
청산도 홈스테이 집에 놓여 있는 신선한 달걀. 주인 이보경 씨(219쪽 사진)는 20년 전 뭍에서 섬으로 이사를 와 느린 속도로 새로운 삶을 시작했다. 그는 이 섬에서 닭을 기르고 달걀을 이용해 빵을 만들며, 채소를 키우고 정원을 꾸민다.

맞은편
한옥 기와집은 청산도는 물론 한국 곳곳에서 발견되는 전통 건축물이다. 맞은편에 실린 홈스테이 집은 섬에서 태어나고 자란 오종채 씨와 김명임 씨 부부의 소유다. 문에 발린 것은 뽕나무 껍질로 만든 창호지다.

2003

유르모

우퇴

JURMO & UTÖ

가장 외딴 핀란드로 떠나는 페리 여행

위치	발트해
좌표	59.83°N, 21.60°E
면적	5킬로미터
인구	52명

발트해 한가운데 삼각형을 그려보자. 각 모서리는 투르쿠, 탈린, 스톡홀름을 향한다. 정중앙에는 여러 섬이 띄엄띄엄 흩어져 있는데, 바로 이곳, 핀란드 남단 제도에 유르모섬과 우퇴섬이 있다.

우퇴섬에서 대를 이어 게스트하우스를 운영하는 한나 코바넨은 말한다. "섬에 들어올 때 꼭 페리 갑판으로 나가 지나치는 섬들을 구경하라고 권하고 싶어요. 밤 바다여도 괜찮아요. 페리가 천천히 움직이니 금세 풍경에 익숙해질 거예요."

남단 제도 끄트머리 섬들은 바깥세상과 확연히 다르다. 투르쿠 연안과 인접한 큰 섬에는 숲이 우거졌지만, 본토에서 멀어질수록 점점 바위투성이 섬이 보인다. 유르모섬과 우퇴섬에 도착할 때면 거칠고 황량한 작은 땅덩어리와 마주하게 될 것이다.

유르모섬은 상시 거주민이 12명밖에 되지 않는다. 올란드제도에 동명의 섬이 있으니 혼동하지 말기를 바란다. 울퉁불퉁한 땅 위에는 붉은색 건물이 듬성듬성 놓여 있고, 알파카들은 자갈 사이 솟아난 어린 들꽃을 먹는다. 섬 북부의 자연보호구역에 모여드는 희귀 철새들을 보러 해마다 섬을 찾는 관광객 수에 비하면, 주민 수는 소박하기 그지없다.

섬은 빙하기에 형성된 살파우셀케 능선 위에 세워진 곳으로, 척박한 분위기를 풍긴다. 그러나 그것대로 묘한 아름다움이 있다. 핀란드 디자인 브랜드 마리메꼬의 대표 디자이너 아이노-마이야 멧솔라는 2011년경 유르모섬에서 영감을 받아 섬의 바위와 자갈을 형상화한 대담하고 불완전한 동그라미 패턴을 디자인했다. 그는 자신이 가본 곳 중에 유르모섬처럼 압도적인 곳은 없었다고 회고했다.

제도에서 가장 널리 쓰이는 언어인 스웨덴어로 '외곽 섬'이란 뜻의 우퇴섬은 유르모섬에서 페리를 타고 45분을 더 가야 나온다. 81헥타르 면적의 이 섬은 언뜻 사람들에게 잊힌 변두리 땅 같지만, 40명 남짓한 주민들은 부족함을 모르고 살아간다. 학교와 등대가 있고, 신호등을 갖춘 자갈길도 있다. 광대역 인터넷도 깔렸다. 가게들은 거의 날마다 물자와 관광객을 실어 오는 페리 운항 일정에 맞춰 운영된다.

자연에서 휴식하기는 핀란드 사람들에게 일상과도 같다. 느린 속도로 살아가며 가만히 대지를 밟는 것은 그들에게는 지극히 자연스러운 일이다. 일례로, 핀란드 사람 다섯 명 중 한 명은 원하면 언제든 자연으로 돌아갈 수 있도록 여름 별장을 갖고 있다고 한다. 유

가는 방법

투르쿠에서 버스를 타고 나구섬 패르내스로 이동한다. 나구섬은 도로와 다리로 본토와 연결된 섬이다. 거기서 유르모섬을 거쳐 우퇴섬에 도착하는 페리를 탄다. 소요 시간은 약 세 시간 반이다. 섬 경유에는 준비 절차가 필요하다. 페리는 주요 몇몇 섬에만 멈추니, 작은 섬 항구에 내리려면 미리 요청해야 한다. 자전거를 대동하려면 추가 요금을 내야 한다.

볼거리와 관광 명소

유르모섬에서 방목해 기르는 알카파를 꼭 봐야 한다. 주민들은 알파카의 털로 실을 짠다. 기분 좋게 걷다 보면 섬 동쪽에 유래와 목적을 알 수 없는 둥그렇게 쌓인 환상열석 네 개가 나오는데, 이를 '문크링가'라고 부른다. 우퇴섬에 가면 핀란드에서 가장 오래된 등대까지 걸어갈 수 있다. 작은 섬이니 계속 걸어서 구경하는 게 최고의 방법이다.

묵을 곳

두 섬 모두 선택지가 극히 제한적이니 반드시 미리 알아보아야 한다. 가장 대표적인 숙소인 유르모 인Jurmo Inn은 객실이 세 개뿐인데 하나는 탑, 하나는 오두막, 마지막 하나만 본 건물에 있다. 마을에도 오두막집이 몇 있다. 비록 돌투성이지만, 캠프장도 마련되어 있다. 우퇴섬에 간다면 한나스 호리존트 민박집Hannas Horisont B and B을 추천한다.

알아두면 좋은 정보

섬의 공용어는 스웨덴어다. 중세 시대 식민화의 영향으로 핀란드는 서서히 스웨덴에 흡수되었고 이후 700년 가까이 스웨덴의 지배를 받았다. 요즘도 핀란드 인구 대다수가 유창하게 스웨덴어를 하는 편이지만, 여전히 스웨덴어를 주로 쓰는 건 남부와 서부 해안 사람들뿐이다.

르모섬과 우퇴섬에서는 느린 삶 말고 다른 선택지란 없다. 두 섬에서의 삶은 바위투성이 해변의 만조선을 따라 총총 걷는 붉은발도요새의 주황색 다리를 바라보기, 하이킹 코스를 걷거나 자전거 타기, 해변 소풍을 떠나 핀란드 스타일의 훈제 생선 요리를 먹기 등 아주 사소한 순간들로 채워진다. 주 항구에서 조금 떨어진 조용한 바닷가 길에서는 바람과 파도 소리, 새 소리가 배경 음악이 되어 흐른다. 핀란드 사람들은 단순히 석양을 보기 위해 유르모섬과 우퇴섬을 찾기도 한다.

겨울에는 폭풍으로 페리가 결항하는 경우가 종종 생기는데, 그렇게 되면 섬은 며칠씩이나 세상과 단절된다. 제도의 내륙 쪽 수역은 초봄이 될 때까지 얼어붙지만, 제도 변두리에 있는 유르모섬과 우퇴섬 바다는 제도에서 가장 먼저 얼음이 녹아내린다. 봄이 오면 첫 철새 무리가 날아들고, 조류 관찰자들도 섬에 다시 들어온다. 초여름에는 풀밭과 자갈길 사이사이에 야생화가 만개한다.

진짜 조용한 여행을 바란다면 핀란드 연휴 성수기인 여름철 8월 중순까지는 방문을 피하는 게 좋다. 유르모섬의 연간 방문객은 놀랍게도 2만 명에 이른다는 점을 참고하자. 8월 말이 되면 항구를 당일치기로 오가는 요트는 텅 비지만, 물은 여전히 따뜻하고 해는 느지막하게 진다. 여름철에는 실내에서 굳이 조명을 켤 필요도 없다.

다시 페리를 타고 문명사회로 돌아가는 기나긴 길, 울퉁불퉁한 바위섬 풍경이 차츰 활엽수로, 소나무 숲으로 바뀌어 간다. 마침내 본토에 도착하고 나면, 어느새 갈매기 소리는 자동차 경적에 묻히고 없다.

이전 장

유르모섬에 가거든 섬의 하나뿐인 상점 주인 클라스 맷손에게 남은 물건이 있는지 물어보자. 가게의 물건은 순식간에 동이 난다. 맷손은 신선한 생선과, 채소, 베리류를 팔 뿐 아니라, 작은 카페를 함께 운영하며 따뜻한 음료와 갓 구운 시나몬 빵도 판다.

맞은편

나구섬 패르내스 항구에서 유르모섬과 우퇴섬으로 들어가는 페리는 편도로 서너 시간이 걸리는데, 날씨 상황과 중간에 경유하는 항구 수에 따라 차이가 난다. 주로 베르감섬, 뇌퇴섬, 아스푀섬에 멈춘다.

맞은편

유르모섬에서 가장 큰 마을. 유르모섬
은 조류 관찰자들에게 인기가 높다. 이
곳에서만 총 318종이나 되는 새를 관
찰할 수 있어서. 마을 예배당 근처의
새 관측소는 자원봉사자들이 관리하
며, 침대 일곱 개, 냉장고, 스토브, 사
우나를 갖췄다. 개인 이불과 식량만 가
져오면 된다. 예약은 투르쿠 조류학회
Turku Ornithological Society를 통해서
할 수 있다.

다음 장 왼쪽

1846년 유르모섬에 지어진 예배당 종
탑과 묘지. 예배당 내부에는 15세기에
만들어진 성 안나 목상과 천장에 걸린
범선 모형 등의 유물이 남아 있다. 섬
에서 가장 오래된 교회는 12세기에 지
어진 것으로 추정된다.

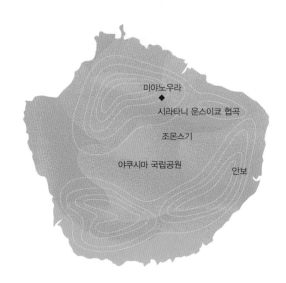

미야노우라

시라타니 운스이쿄 협곡

조몬스기

야쿠시마 국립공원

안보

YAKUSHIMA

태고의 세상 속으로

위치	동중국해
좌표	30.34°N, 130.51°E
면적	504.8제곱킬로미터
인구	1만 3600명
주요 도시	미야노우라

일본 남단의 작은 야쿠시마섬에 발을 딛는 순간, 거부할 수 없는 섬의 유혹이 시작된다. 옥색과 회색이 감도는 봉우리는 구름 모자를 쓴 채 마치 판타지 소설 속 평행 세계의 관문을 지키는 철통 벽처럼 우뚝 솟아 있다. 마치 오직 선택받은 사람만이 그 안에 들어갈 수 있는 것처럼.

공항과 페리 항구, 섬을 빙 두른 2차선 도로는 언뜻 평범해 보인다. 세계의 끝 같기도 한 이곳 야쿠시마섬에는 1만 3600명의 주민이 거주하고 있다. 이 섬의 진정한 위엄은 마치 태곳적 그대로인 것처럼 신비로운 자연환경에서 드러난다. 섬은 횡단 거리가 25킬로미터밖에 되지 않지만, 서식하는 식물종과 아종이 2만여 개에 달한다. 16종의 포유류, 15종의 조류도 함께 목격된다. 전설 속 배경과도 같은 신비로운 삼림과 야생동물 덕에 야쿠시마섬은 일본 최고의 하이킹 여행지로 꼽힌다.

대중교통으로 야쿠시마섬의 깊고 푸른 중심부로 들어가려면 동트기 전 길을 나서야 한다. 주 항구인 미야노우라항에서 출발하는 버스에 몸을 싣고, 아직 어둠에 묻힌 하이킹 시작점으로 간다. 폐쇄된 산림 철도가 어둠을 따라 이어진다. 거기서부터 원시 우림과 태고의 스기 숲이 펼쳐진다.

하이킹 코스를 따라 1200미터 높이에서 발견되는 스기 숲은 마치 땅에서부터 솟구친 광활한 강의 모습과 같다. 멀리서 보면 안개에 묻혀 핏빛처럼 붉게 빛난다. 그중에는 수천 년 세월을 버티며 높이 20미터, 지름 8미터까지 커진 나무도 있다. 오래전 쓰러진 나무들의 그루터기는 작은 집채만 하다. 미야노우라다케산과 나가타다케산의 거목들은 에메랄드빛 이끼를 퍼뜨리고, 두꺼운 뿌리로 번들거리는 바위까지 손을 뻗치며 살아간다.

야쿠시마 익스피리언스 소속의 현지 가이드 캐머런 조이스는 다음과 같이 말한다. "이곳 밀림은 고대 화강암과 적도 지역 특유의 습한 기류, 지반 운동이 합쳐져 조성되었습니다. 바닥을 뒤덮은 이끼 덕에 다양한 식물과 나무 종이 번성했고요. 마치 〈쥐라기 공원〉을 걷는 듯한 기분을 느낄 수 있답니다."

야쿠시마섬에서 수천 년 역사를 품은 오래된 스기는 '야쿠스기'라고 불린다. 스기는 일본의 특산종으로, 삼나무로 분류된다. 섬에서 흐르는 물은 깨끗한 대신 영양분이 열악해 삼나무들은 화강암 바닥을 천천히 뚫고 느리게 성장한다. 송진을 많이 함유하고 있다

가는 방법

페리 서비스가 운영되기는 하지만, 야쿠시마섬까지 빠르게 도착하고 싶다면 오사카, 후쿠오카, 가고시마에서 출발하는 일본항공 왕복기를 이용하자. 섬을 빠르게 둘러보고 싶다면 미야노우라에서 자동차나 스쿠터를 빌리면 된다.

볼거리와 관광 명소

야쿠시마섬에는 멋진 온천이 몇 군데 있다. 히라우치 카이츄 온천Hirauchi Kaichu Onsen은 바다 쪽을 향해 있는 천연 노천탕이다. 야쿠시마섬의 사슴고기는 훌륭한 맛과 지속 가능한 사육 방식으로 유명하다. 여러 가게가 라멘 토핑을 비롯해 다양한 형태로 사슴고기를 제공한다.

묵을 곳

호텔, 게스트하우스, 유스호스텔, 캠프장이 있다. 되도록 미야노우라에 머무는 것을 추천하지만, 안보를 비롯한 동부와 남부 해안 인근도 괜찮다. 서부 해안은 발달이 덜 되어 숙박 시설이 얼마 없다.

알아두면 좋은 정보

야쿠시마섬은 일본에서 가장 습한 곳이자 지구를 통틀어서도 손꼽히게 습하다. 우기인 6월에 특히 습기가 짙다. 이 시기에는 개울도 위험할 정도로 불어난다. 현지에는 한 달에 35일 비가 내린다는 우스갯소리도 있다.

보니 몸통이 쉽게 썩지 않아 수백 년 또는 수천 년 동안 존속할 수 있다. 역사적으로 야쿠시마섬 목재는 나뭇결이 빽빽하고 기름 함유량이 많아 귀한 대접을 받았고, 신사와 불교 사원을 짓는 데 쓰였다. 현재 야쿠스기는 절반 이상이 베어져 사라졌지만, 나머지는 야쿠시마 국립공원의 자산이자 유네스코 세계유산으로 보호받고 있다.

야쿠시마섬의 무성한 숲속을 거닐면 짜릿한 느낌마저 든다. 어쩌면 야쿠시마섬은 산림욕이란 단어에 새 의미를 덧입혀줄지도 모르겠다. 1980년대에 일본식 친환경 요법을 가리키는 용어로 등장한 산림욕은 말 그대로 '산에서 목욕한다'라는 의미다. 삼림욕은 스트레스를 없애주어 에너지를 북돋고 면역력을 길러준다고 알려져 있다. 무엇보다 우리를 자연과 다시 이어주고 감각을 일깨워준다. 숨을 천천히, 그리고 깊이 들이쉬면서, 모든 감각을 이용해 숲의 기운을 받아들이기만 하면 된다. 조이스는 관광객들이 산림욕을 통해 자연과 좀 더 깊이 연결될 수 있도록 일부러 조용한 길을 골라 소개한다.

야쿠시마섬에서는 어떤 길로 가든지 다채롭게 하이킹을 즐길 수 있다. 각각 몇 시간부터 하루, 아니면 며칠씩 걸리는 횡단 코스가 준비되어 있다. 가장 인기 있는 길은 야쿠스기 중에서도 제일 오래된 조몬스기가 있는 곳으로 이어진다. 날씨만 따라준다면, 그리고 경

험 많은 하이커라면 이 길을 완주하는 게 크게 위험하지는 않을 것이다. 다만 궂은 날씨에는 샤워 헤드를 정면으로 뚫고 가듯 여덟 시간이나 비를 맞으며 걸어야 할 수도 있다. 길 끝에는 어마어마하게 큰 조몬스기가 버티고 있다. 둘레가 무려 16미터나 되고 높이는 25미터에 달하는 이 나무는 주변 녹나무들을 위에서 굽어다 본다. 추정 나이는 2000살에서 많게는 7000살로 알려졌다.

일정만 괜찮다면 더 둘러볼 다른 명소도 많다. 렌터카나 스쿠터로 자연 그대로의 서부 해안으로 떠나 오코노타키 폭포를 구경해도 좋다. 두 줄기로 갈라진 이 거대 폭포는 무성한 숲에 둘러싸여 있다. 가는 도중에 이 섬에만 있는 동물들을 만나게 될지도 모른다. 야쿠시마 짧은꼬리원숭이는 일본 짧은꼬리원숭이의 아종으로 몸집이 좀 더 작고 공격성을 띤다. 야쿠시마 사슴 역시 본토에 서식하는 사슴보다 몸집이 아담하다. 다시 항구 근처로 가서 바다 인근 온천에 몸을 담그는 것도 좋다. 해수 풀장을 갖춘 이곳에서 온천욕을 즐기는 것은 열대우림을 거니는 것만큼이나 원기를 북돋아준다. 이토록 마법 같은 섬에서 감히 시선을 다른 곳으로 돌릴 수 있다면, 동중국해로 저무는 해도 감상해보자.

아래 오른쪽

숲 내부는 대부분 보호구역으로 지정
됐다. 그러므로 자동차로 섬을 돌아
다닐 때는 둘레를 빙 돌아가는 길로만
다녀야 한다.

맞은편

405헥타르 면적의 시라타니 운스이쿄
협곡 깊숙이 들어가면 숲을 관통하는
하이킹 경로가 여럿 있다. 몇몇 코스
는 에도시대로까지 역사가 거슬러 올
라간다. 가장 긴 경로는 네 시간이 걸
리며 가장 짧은 경로는 한 시간이면
완주할 수 있다. 이 섬의 숲이 선사하
는 황홀함은 스튜디오 지브리의 애니
메이션 〈원령공주〉에 영감을 주었다.

Island Time

섬의 시간

한 번이라도 여행을 떠나본 사람이라면 일상과 여행지에서의 시간은 다르게 흐른다는 것을 잘 알 것이다. 출발 전에는 느리게만 가던 시간이 짧은 휴가 동안에는 마구 흐른다. 그리고 다시 출퇴근하는 일상으로 돌아오면 규칙적이고 안정적인 속도로 금세 잦아든다. 철두철미한 여행자들은 시간을 잘 관리해 여행지에서의 시간을 실컷 만끽한다. 느긋하고 차분한 속도의 비결은 '섬의 시간'에 기꺼이 들어가는 것이다.

섬의 시간은 시간 약속을 헐렁하게 생각하는 섬사람들의 느긋한 태도를 비꼬는 말로도 쓰인다. 그러나 그보다는 시계에 적힌 숫자보다 하루하루와 계절의 가락에 더 충실한 시간의 흐름을 가리킨다.

대니얼 디포의 18세기 소설 『로빈슨 크루소』는 아마도 가장 불행했을 섬의 시간을 다룬 이야기일 것이다. 베네수엘라 해안에 침몰한 난파선에서 혼자 살아남아 무인도로 오게 된 크루소는 처음에는 보금자리를 짓고, 그다음에는 '시간 감각'을 잃지 않으려 나무 기둥에 하루하루를 표시해가며 '절망의 섬'에서 세월을 보낸다. 얼마 지나자, 이 불운한 여행가는 그마저도 흥미를 잃고 만다. 영문학자 듀이 간젤은 1961년 에세이 「로빈슨 크루소 연대기Chronology in Robinson Crusoe」에서 작품 속 조난자가 점진적으로 '섬의 시간'을 받아들인 것이라고 분석한다. 이윽고 섬에서의 나른한 세월은 특별한 사건들로 성기게 구분된다. 이를테면 카누를 지은 해, 섬 여행에 성공한 해가 기준이 된다. 결국 20년하고도 8년을 더 섬에 살던 크루소는 끝내 구조되어 잉글랜드로 돌아간다.

오늘날의 여행자들은 섬의 느긋한 리듬을 익히기 위해 굳이 수십 년씩이나 섬에 있을 필요는 없다. 중요한 건 '섬다움'의 감각을 키우는 것이다. 미국 메인주에 있는 아일랜드 인스티튜트 설립자 필립 콘클링은 섬다움을 '시간 감각을 흐리는 공간과 특별하게 연결된 듯한 깊은 감정'

으로 정의한다. 이 감각은 섬사람들 생활의 바탕을 이루기도 한다. 콘클링이《지오그래피컬 리뷰》에서 쓴 표현을 빌리자면, "무엇을 할지 안 할지는 그날그날의 파도와 바람과 태풍의 리듬이 결정한다." 잠시 왔다 가는 방문객들에게는 이러한 패턴이 낯설 테지만, 섬다움의 감정은 섬 생활의 가치와 관점을 수용하며 비로소 체득할 수 있다.

섬의 시간을 처음 경험한다면 당황스러울 수 있다. 호텔로 가는 택시에서 수다쟁이 기사가 멋진 명소와 바닷가를 보여주겠다며 괜히 길을 돌아간다거나, 마침내 택시에서 내려 경쾌하고 환한 로비에 들어섰을 때는 안내 직원이 객실 준비가 끝날 때까지 라운지에 잠시 머무르라고 안내할지도 모른다. 당신이 "얼마나요?" 하고 물으면 직원은 "곧이요"라고만 답할 것이다. 이렇게 느슨한 섬의 시간이 분주하고 규칙적이던 일상에 스며들기 시작한다. 섬에서는 '시간 엄수'라는 날카로운 의미가 무뎌진다. 마감과 약속은 대충 어림잡기가 된다. 12시 정각이라고 정할 필요 없이 정오 전후라고 해도 충분하다. 기다림은 불편한 일이 아니게 된다. 느긋하게 앉아 구름을, 흔들리는 야자수를, 황금빛 모래사장에 찰싹이는 청록색 바닷물을 구경할 기회니까. 여행자는 시원한 아침에 부지런히 활동하다가 더워지는 오후에 잠시 휴식하고 날이 저물면 다시 활기를 찾는, 열대 하루의 흐름과 섞이게 된다.

열대 지방은 해가 일찍 뜨고 날도 금방 더워지므로 여행자라면 이런 패턴에 적극적으로 적응할 필요가 있다. 캄보디아의 송 사 프라이빗 아일랜드Song Saa Private Island 리조트를 찾은 휴양객이라면 일출을 보기 위해 다섯 시 반에는 일어나야 한다. '에코 럭셔리'를 표방하는 이곳 매니저들은 요란한 모닝콜을 연출하는 대신 손님들에게 여유를 선사하기 위해 10년 전부터 시계를 한 시간 앞당겨 운영하고 있다. 자기들만의 시간대를 만든 것이다. 다른 리조트들도 그 뒤를 따랐다. 몰디브 호텔들과 벨리즈, 코스타리카, 멕시코의 작은 섬들도 여행객들이 섬의 시간에 좀 더 매끄럽게 들어올 수 있도록 시간대를 조정했다.

지구 북쪽에서 섬의 시간은 조금 다른 의미를 띤다. 북극해의 섬으로 가면 그곳만의 패턴으로 낮과 밤을 체험할 수 있다. 노르웨이 숨마뢰이섬 주민들은 5월 중순에 일출을 본 뒤로는 7월 말까지 일몰을 구경하지 못한다. 여름에 섬을 찾는 사람들은 색깔만 조금씩 변하면서 저물지 않는 일광을 보게 된다. 태양은 자정 무렵에야 수평선에 살짝 몸을 담글 뿐이다. 2019년 섬 주민들과 정부 지원을 받는 관광 회사들이 세계 최초로 타임 프리 존time-free zone 캠페인을 시작했다. 주민이자 캠페인 주최자인 셸 우브 벤딩은 "우리는 원할 때 원하는 걸 한다"고 선언했다. 섬에서 삶의 속도는 시간이 좌우하지 않는다. 그러니 여행자들도 애초의 일정일랑 잊는 게 속 편하다. 정해진 시간이 없는데 서두를 이유가 어디 있겠는가?

부유하는 열대 구름, 또는 저물지 않는 햇빛의 미묘한 변화. 무엇에 속도를 맞추건 간에, 섬의 시간은 느긋하게 하루의 맛을 만끽하라며 여행자들을 초대한다.

"기다림은 불편한 일이 아니게 된다. 느긋하게 앉아 구름을, 흔들리는 야자수를, 황금빛 모래사장에 찰싹이는 청록색 바닷물을 구경할 기회니까."

"기다림은 불편한 일이 아니게 된다. 느긋하게 앉아 구름을, 흔들리는 야자수를, 황금빛 모래사장에 찰싹이는 청록색 바닷물을 구경할 기회니까."

감사의 글

Thank you

어떠한 브랜드도 외딴섬일 수는 없다. 킨포크 팀은 이 책을 만드는 데 도움을 준 재능 있는 분들에게 진심을 담아 감사를 전한다.

가장 먼저 전 세계의 탁월한 글 작가, 사진작가, 일러스트레이터들에게 깊은 감사를 보낸다. 그들의 재능 덕에 섬의 이야기가 아름답게 살아났다. 창조적인 에너지를 보태주어 감사하다. 당신들의 작업물을 책으로 엮을 수 있음에 영광이다.

코펜하겐에 있는 『킨포크 아일랜드』 창작 팀은 존 번스, 스태판 선드스트롬, 해리엇 피치 리틀로 이뤄졌다. 스태판은 책을 디자인했고 아름다운 사진을 하나하나 선별해주었다. 그 노력과 헌신에 감사하다. 아이디어와 창의력으로 킨포크 팀을 밀고 나가준 것에도 고마움을 전한다.

아티산 출판사의 리아 론넨, 킨포크의 동료 에드워드 매너링에게도 감사하다. 두 사람이 아니었다면 이 책은 나올 수 없었을 것이다. 킨포크 단행본 시리즈를 언제나 믿어주고 지평을 넓혀주어 고맙다. 이 타이틀을 위한 정신적인 지원을 아끼지 않은 동료 주자네 부흐 피터슨에게도 고맙다. 알렉스 헌팅, 세실리에 예그센, 크리스티안 뮐러 앤더슨에게도 조언과 영감을 주고 인내해준 것에 고마움을 전한다. 서울에서 우리를 도와준 박철준, 장성택, 이외 팀원들에게도 감사하다.

편집 과정에서 진심 어린 조언을 아끼지 않았던 아티산 출판사의 브리짓 먼로 이트킨에게 크나큰 고마움을 보낸다. 아티산 팀원들인 도나 G. 브라운, 매기 버드, 수엣 총, 테리사 콜리어, 잭 그린월드, 에리카 황, 시빌 케이저로이드, 앨리슨 맥지혼, 에이미 마이컬슨, 낸시 머리, 피오나 윈치에게도 같은 크기의 감사를 전한다. 킨포크에 전문성과 열심을 보태주어 진심으로 감사하다.

마지막으로, 킨포크를 계속해서 성원해주는 독자들에게 고맙다고 말하고 싶다. 이 책이 여러분의 항해에 부는 따뜻한 바람이 되기를 소망한다.

CREDITS

존 번스 John Burns

일상의 아름다움을 미니멀한 사진과 글로 담아낸 캐주얼 라이프스타일 매거진《KINFOLK》의 편집장이다. 2011년 포틀랜드에서 시작되어 현재는 덴마크 코펜하겐에서 운영되고 있는《킨포크》는 소박하고 단순한 삶을 지향하는 예술가들의 커뮤니티로, 자연 친화적이고 건강한 생활양식을 추구하는 잡지와 책을 출간한다. 절제된 글과 감각적인 사진, 새로운 삶의 태도가 담긴 계간지《킨포크》는 출간되자마자 전 세계 젊은 세대들을 매료시켰고 미국은 물론 유럽, 호주, 일본까지 급속도로 퍼져나가 수많은 킨포크족을 낳으며 그들의 라이프스타일을 '빠름에서 느림으로, 홀로에서 함께로, 복잡함에서 단순함으로' 바꾸고 있다.

옮긴이 송예슬

돌보는 마음이고 싶은 번역가. 세 고양이가 있는 집에서 글 옮기는 일을 하며 산다. 대학에서 영문학과 국제정치학을 공부했고 대학원에서 비교문학을 전공했다. 바른번역에 소속되었고, 옮긴 책으로 『언캐니 밸리』, 『사울 레이터 더 가까이』, 『스트라진스키의 장르문학 작가로 살기』, 『3시에 멈춘 8개의 시계』 등이 있다.

THE KINFOLK ISLANDS
킨 포 크   아 일 랜 드

펴낸날 초판 1쇄 2023년 9월 15일
지은이 존 번스
옮긴이 송예슬
펴낸이 이주애, 홍영완
편집장 최혜리
편집2팀 문주영, 박효주, 홍은비, 이정미
편집 양혜영, 장종철, 김하영, 강민우, 김혜원, 이소연
디자인 김주연, 박아형, 기조숙, 윤소정
마케팅 김태윤, 김철, 정혜인, 김준영
해외기획 정미현
경영지원 박소현
펴낸곳 (주)윌북 출판등록 제2006-000017호
주소 10881 경기도 파주시 광인사길 217
홈페이지 willbookspub.com
전화 031-955-3777 팩스 031-955-3778
블로그 blog.naver.com/willbooks 포스트 post.naver.com/willbooks
트위터 @onwillbooks 인스타그램 @willbooks_pub
ISBN 979-11-5581-631-8 13980

책값은 뒤표지에 있습니다.
잘못 만들어진 책은 구매하신 서점에서 바꿔드립니다.

First published in the United States under the title:

KINFOLK ISLANDS

© 2022 by Ouur ApS
JOHN BURNS: Editor in Chief
HARRIET FITCH LITTLE: Editor
EDWARD MANNERING: Publishing Director
SUSANNE BUCH PETERSEN: Production Manager
LINN HENRICHSON: Illustrations
Published by arrangement with Artisan Books, a Division of Workman Publishing Co., Inc., New York.

art 윌북아트는 윌북의 예술서 브랜드입니다.